ILJA VAN DE KASTEELE

Was denkt— mein Pferd?

PFERDEVERHALTEN
AUF EINEN BLICK

MIT KOSMOS MEHR ENTDECKEN

Der
FOTO
Ratgeber

SEIT 1822

KOSMOS

Ostern 2017

Inhalt

Partnerschaft und Harmonie

Ich könnte ein Buch über Pferde und das Zusammensein mit ihnen gar nicht anders beginnen also so: Das Feuer prasselt im Kamin. Ein wunderbarer Tag liegt hinter mir. Wunderbar deshalb, weil ich ihn im Sattel verbrachte, unterwegs mit meiner Stute Roma in einem wilden Teil des Waldes. Uns begleiteten unzählige Vogelstimmen, der Geruch von herbstlicher Vegetation, Sonnenstrahlen auf vergilbendem Laub, der wiederkehrende Ruf eines Bussards. Ich fühle mich eins mit der Natur, eins mit mir.

EINS WERDEN

Nach so einem Tag, unterwegs mit meinem Pferd, bin ich glücklich. Und mindestens genauso wichtig: Mein Pferd ist es auch. Ich sehe es in Romas Blick. Er hat immer noch diese Sehnsucht nach Weite. Aber es ist keine ungestillte Sehnsucht. Dieser Tag hat in ihr die Lust geweckt auf noch mehr.

Warum dieser Einstieg in ein Buch? Weil Pferde reine Natur sind, seit 50 Millionen Jahren. Und weil der heutige westlich geprägte Mensch das Gegenteil von Natur ist. Prallt beides aufeinander, sind Konflikte vorprogrammiert. Nicht, weil jemand dies bewusst möchte, sondern weil das Pferd auf der einen Seite und der Mensch auf der anderen völlig verschiedene Auffassungen von der Welt haben. Ihre Art, untereinander zu kommunizieren, ist völlig unterschiedlich. Und doch können wir uns miteinander verbinden, eine vertrauensvolle Beziehung zueinander aufbauen.

Wie mag unser Ehrgeiz auf Pferde wirken? Unser Bestreben, dass immer alles reibungslos funktionieren muss?

Im Idealfall erkennt das Pferd in uns denjenigen, mit dem es bis zum Rand des Universums gehen kann. Aber was, wenn nicht? Wenn es merkt, dass wir seine Welt nicht verstehen, seine Sprache nicht sprechen – und trotzdem ständig etwas von ihm verlangen?

Es wird uns mit Druck begegnen: Indem es sich beim Reiten auf den Zügel legt, den Menschen am Strick zum Gras zieht, den Kopf beim Trensen hochreißt, gegen den Schenkel angeht, im schlimmsten Fall vielleicht tritt oder beißt. Nicht, weil es böse ist oder dem Menschen schaden möchte, sondern weil es nicht versteht, was der Mensch von ihm erwartet.

Heute suchen immer mehr Menschen einen anderen Weg im Umgang mit Pferden, sie wollen im Einklang mit sich selbst und der Umwelt sein. Wer lernt, mit Pferden zu denken, ihre Sicht der Welt zu erkennen und zu begreifen, wird nicht nur ein besserer Pferdemensch – er wird auch zu sich selbst finden. So ging es auch mir mit meiner Stute Roma und meinem Wallach Ravel. Sie zeigten mir, dass man mit Geduld, Ruhe und Klarheit weiter kommt als mit Zorn und schnellen Aktionen. Durch sie, durch das Zusammensein mit diesen beiden Pferden, wurde ich tatsächlich ein völlig anderer Mensch.

So geht es jedem, der sich ernsthaft auf diesen Weg begibt. Und das Schöne: Dieser Weg hört nie auf.

Was Pferde brauchen

Jeder wünscht sich sein Pferd als Partner, als Freund. Das ist gar nicht so schwer, wie Sie vielleicht glauben. Pferde wollen Klarheit. Sie brauchen jemanden, der ihnen Sicherheit gibt und dem sie vertrauen können. Damit Ihr Pferd diesen Menschen in Ihnen findet, müssen Sie zuerst verstehen, was Pferde für Lebewesen sind, welche Bedürfnisse sie haben, wie sie miteinander umgehen und kommunizieren. Dann können Sie durch Ihr Verhalten und das richtige Training zum Fels in der Brandung für Ihr Pferd werden.

BEWUSSTES MITEINANDER

Oft stehen wir Menschen unter Stress und hetzen durch den Tag. Damit verbunden ist ein dauerhafter Druck, der (häufig auch sichtbar) auf unseren Schultern lastet. Pferde dagegen leben im natürlichen Rhythmus der Natur, der Pferdealltag ist meist geprägt von einem harmonischen Miteinander. Stress entsteht höchstens in lebensbedrohlichen Situationen, anhaltenden Druck gibt es in der Herde nicht.

Versuchen Sie einmal, im Stall oder auf der Weide die Zeit zu vergessen und den Alltag hinter sich zu lassen. Das ist ein wunderbar entspannendes Gefühl. Pferde helfen uns, im Hier und Jetzt zu sein und zu innerer Ruhe zu finden. Lassen Sie sich ganz bewusst darauf ein, lassen Sie los – und genießen Sie das Zusammensein mit Ihrem Pferd.

MIT DEM RICHTIGEN GEFÜHL

Viele Menschen sind ehrgeizig und möchten die von ihnen selbst oder von anderen gesteckten Ziele unbedingt erreichen.

Pferde kennen nur einen Ehrgeiz: zu überleben. Dazu brauchen sie Futter, Wasser und den Schutz der Herde – mehr nicht. Sie können daher unseren Ehrgeiz nicht verstehen, und auch viele unserer Reaktionen nicht, wenn etwas nicht klappt.

Ich weiß, es fällt sehr schwer, auf solche Emotionen zu verzichten. Auch ich liebe meine Pferde. Aber erst als es mir gelungen ist, keine negativen Emotionen mehr zu empfinden, konnte ich wirklich das Vertrauen der Pferde gewinnen. Wenn etwas nicht klappt, lache ich einfach darüber, analysiere die Situation und versuche es erneut. Lachen befreit.

Nehmen Sie sich Zeit

Zeit ist eine vom menschlichen Bewusstsein wahrgenommene Veränderung von Ereignissen. Pferde dagegen haben keine Vorstellung von der Vergangenheit oder Zukunft. Ihnen ist unser Zeitbegriff völlig fremd und bedeutet für sie meist Druck, etwas tun zu müssen, ohne zu verstehen warum.

Ich denke beim Zusammensein mit Pferden, egal ob im Sattel oder am Boden, nicht in Stunden oder Minuten, sondern in schönen Erlebnissen. Das kann eine gelungene Lektion genauso sein wie ein entspannter Ausritt oder einfach nur, dass das Pferd sich wohl bei mir fühlt und meine Nähe sucht. So baue ich keinen Druck auf, den das Pferd nicht versteht.

ZWEI WELTEN

Pferde leben in einem Rhythmus, der von den Jahreszeiten und dem Auf- und Untergehen der Sonne bestimmt wird. Durch die Erfindung des künstlichen Lichts hat der Mensch diesen Rhythmus verlassen. Unser Tagesablauf wird im Wesentlichen von den vielfältigen Anforderungen der globalisierten Welt bestimmt.

Das wird zum Beispiel deutlich an dem Begriff „Reitstunde". Ob diese nun 45 Minuten oder eine ganze Stunde dauert, ist unwesentlich. Es ist immer eine festgelegte Zeiteinheit, weil man doch dann genau weiß, was man für sein Geld bekommt. Der Reitschüler bezahlt für die Zeit, die ihm der Reitlehrer widmet. Besser wäre allerdings, er würde für das Wissen bezahlen, das ihm vermittelt wird, unabhängig von der Zeit.

Da das Pferd kein Zeitgefühl hat, orientiert es sich daran, ob es sich mit dem Menschen wohl fühlt. Das beinhaltet körperliches und geistiges Wohlbefinden.

Beides leidet, wenn der Mensch dem Pferd sein Zeitverständnis aufzwingt, ohne auf dessen Bedürfnisse einzugehen. Achtet man aber darauf, kann eine Reiteinheit zehn Minuten oder auch zwei Stunden dauern. Sie orientiert sich nicht an der Zeit, sondern am Pferd – und aller Druck ist weg.

LANGSAM UND ENTSPANNT

Für Pferde ist Zeitdruck das, was es ist, nämlich Druck. Das wird besonders in problematischen Situationen deutlich, beispielsweise beim Verladen in den Hänger.

Beinahe jeder kennt den Klassiker: Eine halbe Stunde ehe man losfahren muss, um eine vereinbarte Uhrzeit einhalten zu können (zum Beispiel mit der Klinik oder mit dem Trainer), halftert man sein Pferd und nähert sich dem Hänger. Im Kopf des Reiters geistert schon die bevorstehende Fahrt herum, ein möglicher Stau und,

natürlich der Wunsch, das Pferd möge doch bitte so schnell wie möglich auf den Hänger gehen, damit man nur ja pünktlich ist.

Das Pferd spürt dies sehr genau, egal wie sich der Mensch bemüht. Es empfindet das als Druck, registriert, dass der Reiter unbedingt etwas möchte, versteht aber nicht was und warum.

Wäre dem Reiter die Zeit egal, würde der Druck abfallen und das Pferd würde (wenn es generell keine Probleme mit dem Verladen hat) sofort über die Rampe in den Hänger gehen.

▼

Mit allen Sinnen

Die Art, wie Pferde ihre Umwelt wahrnehmen und mögliche Gefahren als
solche erkennen, erfordert ein Umdenken in der Weise, wie wir mit ihnen
umgehen. Pferde brauchen drei Dinge, damit sie sich (auch in unserer
Gegenwart) wohlfühlen: Sie müssen ihre Sinne uneingeschränkt nutzen,
ihre Beine jederzeit frei bewegen und immer in Balance sein können.
Wenn wir ihnen das ermöglichen, fühlt sich das Pferd von uns verstanden.
Es weiß, dass wir seine Bedürfnisse kennen und beachten.

◀ RÄUMLICHES SEHEN

Der Mensch sieht binokular, das heißt, wir
nehmen unsere Umwelt mit beiden Augen
wahr und unser Gehirn setzt aus den Infor-
mationen, die jedes Auge übermittelt, ein
Bild zusammen.

Pferde haben ein Blickfeld von fast 350°,
sehen aber monokular. Das heißt: Sie
können das, was sie mit dem rechten Auge
wahrnehmen, nicht mit dem verknüpfen,
was sie mit dem linken sehen. Daher er-
scheint ein Gegenstand jedem Auge „neu".

◀ BEWEGUNG SEHEN

Pferde sehen besonders gut Objekte oder
Lebewesen, die sich horizontal, von rechts
nach links oder andersherum, bewegen.
Ob Gefahr droht oder nicht, entscheiden
sie aufgrund der Art der Bewegung: Ist sie
angespannt oder entspannt? Bewegt sich
etwas auf das Pferd zu oder entfernt es sich?
Jedes Pferd hat eine individuelle Flucht-
distanz, das können beim Araber hundert
Meter, beim Kaltblut wenige Meter sein.

Pferde riechen und hören deutlich besser als der Mensch, ebenso können sie Bewegungen in der Ferne besser wahrnehmen. Wenn ein Pferd also ohne ersichtlichen Grund zögert oder sich erschreckt, liegt das vielleicht daran, dass unsere Sinne diesen Grund nicht wahrnehmen können, er aber trotzdem vorhanden ist.

RIECHEN

Pferde riechen wesentlich besser als wir. Wie gut sie was riechen, ist wissenschaftlich noch nicht genau untersucht. Sie haben ca. 80 Millionen Riechzellen und somit deutlich mehr als der Mensch (ca. 5 Millionen), aber auch weniger als ein Schäferhund mit knapp 225 Millionen Riechzellen. Es wird vermutet, dass Pferde räumlich riechen können, das heißt, sie können orten, woher ein bestimmter Duft kommt.

HÖREN

Pferde hören in anderen Frequenzbereichen als wir: Während Menschen Frequenzen zwischen 20 Hertz und 20 Kilohertz wahrnehmen, können Pferde auch noch Frequenzen im Infra- und Ultraschallbereich hören. Damit nicht genug: Abhängig von der Windrichtung hören Pferde über eine größere Entfernung als wir. Zudem erfolgt eine vibratorische Wahrnehmung auch über Hufe und Tasthaare.

Pferde können ihre Ohren unabhängig voneinander bewegen und decken so ein Spektrum von 360° ab. Wissenschaftler gehen davon aus, dass sie eine potentielle Gefahr in Kombination mit dem Seh-, Geruchs- und Hörsinn sehr genau lokalisieren können.

Das Sichtfeld

Das Pferd muss immer in der Lage sein, seine Umgebung wahrzunehmen, denn nur wenn es eine Gefahr rechtzeitig erkennen kann, ist eine Flucht möglich. Zwar bedient es sich dabei aller Sinne gleichzeitig, aber vorherrschend ist der Sehsinn. Das ist auch der Grund, warum viele Pferde in der Reithalle nervös werden, wenn sie ein Geräusch von draußen hören, zum Beispiel den Hund, der um die Halle läuft. Sie hören ihn, können ihn aber nicht sehen und somit nicht einschätzen. Das gilt ebenso für das berühmte „Gespenst" hinter der Hecke. Je weniger Sie daher das Blickfeld Ihres Pferdes einschränken, desto ruhiger und gelassener wird es an Ihrer Seite sein.

◄ EINGESCHRÄNKTE SICHT

Hier haben wir eine Situation fürs Foto gestellt, die oft zu sehen ist: Michaela steht vor dem Kopf ihrer Araberstute Whity.

Häufig steht der Mensch auch seitlich neben dem Kopf, aber immer ziemlich nah dran. Dem Pferd wird so ein großer Teil seiner Sicht versperrt. Nur wenn das Vertrauen zum Menschen schon groß ist, wird es sich damit wohlfühlen.

Vertrauen braucht Zeit – und jeder muss es sich erst verdienen. Ich habe schon mit sehr ängstlichen Pferden gearbeitet, die plötzlich ruhig wurden, nur weil ich sie in ihrer Sicht nicht einschränkte. Zugleich signalisiere ich dem Pferd damit, dass ich seine Bedürfnisse verstehe und respektiere. Den Strick nehme ich niemals kurz, denn dann könnte das Pferd seinen Kopf nicht nach oben und seitlich bewegen, um mit dem anderen Auge (wenn Sie links stehen also mit dem rechten) über den Rücken hinweg noch etwas zu erkennen.

FREIE SICHT

Wenn ich neben einem Pferd stehe, positioniere ich mich immer auf Höhe der Gurtlage und halte das Pferd am durchhängenden Strick (der aber nicht den Boden berührt). Hier ist der Bereich, in dem ich die Sicht versperre, viel kleiner. Das Pferd kann jederzeit seinen Kopf bewegen und seine Umwelt erkennen.

Auf dem Foto ist sehr schön zu sehen, dass Whity völlig gelassen ist. Das linke Ohr signalisiert, dass sie mit ihrer Aufmerksamkeit bei Michaela ist. Michaelas Körperhaltung vermittelt ebenfalls Ruhe.

▲

▼

AUF EINEM AUGE BLIND

Machen Sie den Selbstversuch: Halten Sie sich ein Auge zu. Wie viel von Ihrer Umwelt erkennen Sie jetzt noch? Wie stark ist Ihr Bedürfnis, mit beiden Augen zu sehen und Ihren Kopf frei bewegen zu können, um eine mögliche Gefahr rechtzeitig zu entdecken? Wie würden Sie sich fühlen, wenn jetzt jemand neben Ihnen geht, dem Sie nicht vertrauen, und der Sie fest am Handgelenk packt? So fühlt sich ein Pferd, dem man die Sicht nimmt und gleichzeitig den Strick so kurz hält, dass es weder seinen Kopf noch seine Beine frei bewegen kann.

Wussten Sie?

Vielen Pferden scheint es nichts auszumachen, wenn der Mensch direkt vor dem Kopf steht und das Sichtfeld einschränkt. Aber welche Möglichkeit haben sie denn? Weglaufen können sie nicht. Und offener Kampf ist nicht ihre Sache – Pferde drücken subtiler aus, wenn sie etwas beunruhigt.

Immer in Bewegung

Pferde leben in kleinen Gruppen als Herde zusammen und bewegen sich bis zu 17 Stunden am Tag. Dabei gibt es zwei Möglichkeiten, wie sie mit dem vorhandenen Raum umgehen: Sie teilen Raum miteinander, zum Beispiel wenn sie grasen oder Fellpflege betreiben. Manchmal beanspruchen sie jedoch den Raum des anderen und schicken ihn weg. Der jeweils Rangniedrigere weicht dabei dem Ranghöheren.

▲

PFERDE TEILEN RAUM

Nantos und Roma grasen friedlich zusammen – sie teilen sich den Raum. Dabei kommunizieren sie permanent miteinander und mit den anderen Pferden über kleinste Signale: Mimik, Körperhaltung und Energie zeigen ihre Stimmung.

Raum miteinander teilen ist das, was Pferde den größten Teil des Tages machen. Denn die andere Möglichkeit, den Raum des anderen zu beanspruchen, ihn also von einer bestimmten Stelle wegzuschicken, weil dort zum Beispiel das Gras besser schmeckt, bedeutet einen wesentlich höheren Energieaufwand. Energie, die fehlen könnte, wenn das Pferd gezwungen ist, vor einer Gefahr zu fliehen. Aus diesem Grund gehen alle Lebewesen dieser Erde, mit Ausnahme des Menschen, sehr sorgfältig mit ihrer Energie um.

PFERD UND MENSCH

Anna teilt den Raum mit Araberstute Roma. Sie hält dabei gebührenden Abstand, denn jedes Lebewesen hat einen persönlichen Raum, in den ein anderes Lebewesen nicht ungefragt eindringen darf. Das kann man sich wie eine Blase vorstellen, die zerplatzt, wenn der andere zu schnell zu nahe kommt. Nähe muss man sich verdienen.

Roma erfährt hier, dass Anna ihren Raum akzeptiert. Und noch etwas sehr Wichtiges: Anna verbringt Zeit mit ihr, ohne etwas von ihr zu wollen.

RAUM EINNEHMEN

Hier ist Freiberger Hector ungefragt in den persönlichen Raum von Haflinger Nantos eingedrungen. Durch angelegte Ohren, leicht angespannte Gesichtszüge, erhöhten Muskeltonus und durch Energie in Hectors Richtung macht Nantos ihm unmissverständlich klar, dass er das nicht duldet. Hector wendet ab.

In einer Herde darf der Ranghöhere den Raum des Rangniedrigeren für sich beanspruchen: Er schickt ihn weg. Wichtig: Es geht dabei nicht um die Persönlichkeit.

Wussten Sie?

Pferde teilen den Raum miteinander oder beanspruchen den Raum des anderen. Dabei handeln sie ohne Emotionen wie Zorn oder Wut. Der Rangniedere überlässt dem Ranghöheren eindeutig seinen Raum, wenn er es verlangt. Dadurch ist die Situation schnell geklärt. Deswegen verstehen Pferde permanentes Treiben, zum Beispiel im Roundpen, nicht.

Pferde lieben Freiheit

Pferde lieben große Weiden, Luft und Freiheit. Aber als Fluchttiere entspricht es ihrer Natur, immer auf der Hut zu sein. Darum ist es für ein Pferd so wichtig, dass es jederzeit seine Beine frei bewegen kann, denn nur dann ist es ihm möglich, bei Gefahr wegzulaufen.

Darauf sollten wir auch beim Zusammensein mit Pferden Rücksicht nehmen. Führen Sie das Pferd am langen Strick, dann kann es zur Not einen Satz zur Seite machen, wenn es sich erschrickt. Dadurch beruhigen sich die meisten Pferde sofort.

FREI SEIN

Ist diese Situation gefährlich? Für jemanden, der Höhenangst hat oder unter Schwindel leidet schon.

Für solch einen Menschen ist es wahrscheinlich schon eine Kraftanstrengung, sich dem Abgrund mit langsamen Schritten zu nähern, auch wenn es an der Kante nur fünf Meter hinabgeht. Er macht das nur aus einem Grund: Er kann jederzeit wieder umdrehen und gehen, um sich aus dieser bedrohlichen Situation zu befreien.

Packt man diesen Menschen jetzt fest am Handgelenk, nimmt man ihm diese Freiheit. Wie würden Sie sich in dieser Situation fühlen?

Vielleicht meint es derjenige, der Sie an die Hand nimmt, ja sogar gut. „Komm, wir gehen einen Schritt näher zum Abgrund, ich führe und halte dich." Dennoch wird er vermutlich nur das Gegenteil erreichen und Ihre Panik vergrößern. So geht es Pferden, wenn man ihnen die Möglichkeit nimmt, ihre Beine frei bewegen zu können.

VERTRAUEN

Pferde lassen sich nicht körperlich kontrollieren, dazu sind sie uns kräftemäßig zu überlegen.

Ich setze statt auf Kontrolle lieber auf Partnerschaft und mache einem Pferd Folgendes klar: „Ich respektiere dich so wie du bist, als Spezies und Individuum. Aber du kennst dich in meiner, der Menschenwelt nicht aus – im Gegensatz zu mir. Wenn du dich mir anvertraust, meine Führung akzeptierst, ist es die beste Option, die du kriegen kannst. Du muss nicht, du darfst dich mir aber anschließen."

Dabei stelle ich mir Führung immer so wie beim Tanzen vor: Die Partner begegnen sich auf Augenhöhe, aber einer muss führen, weil das Paar sonst irgendwo aneckt.

LOSLASSEN

Hier sehen wir eine Situation, die jedes Pferd, das unvorbereitet ist, in Panik versetzen kann: Das Bein hat sich im Strick verfangen. Viele Reiter halten in dieser Situation den Strick fest, weil sie Angst haben, die Kontrolle zu verlieren – und glauben, das Pferd würde weglaufen, sobald sie loslassen.

Das Gegenteil ist der Fall. Das Pferd geht gegen den Druck an, es zieht immer stärker, weil es freikommen möchte. Je schwieriger das ist, desto panischer wird es. Ich lasse daher das Strickende immer sofort los, bleibe ruhig und besonnen und nehme den Strick knapp unter dem Halfter wieder auf.

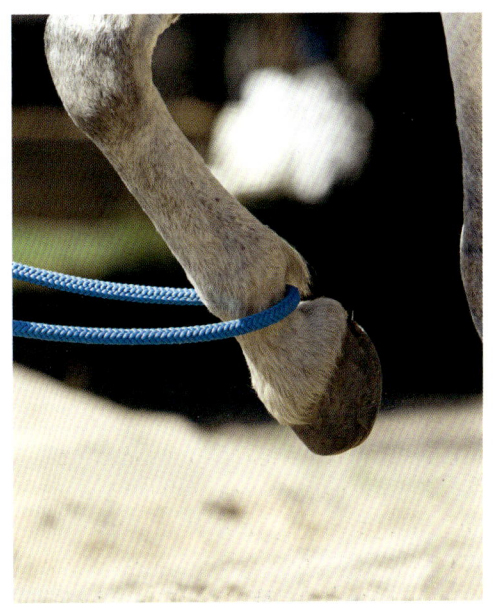

Balance

Auch Balance ist für das Fluchttier Pferd enorm wichtig. Denn nur, wenn es in der Balance ist und bleibt, kann es bei Gefahr sofort, so schnell wie möglich und vor allem ohne zu stolpern fliehen.
Für den Menschen bedeutet das, dass er diese Balance möglichst nicht stören darf. Das fängt schon am Boden an, gilt aber auch für das Reiten.

FUSSFOLGE

In jeder der drei Grundgangarten hat das Pferd immer mindestens eine Diagonale, die für Stabilität sorgt. Das bedeutet, es sind gleichzeitig ein Hinterhuf und der diagonal gegenüberliegende Vorderhuf am Boden. Diese Diagonale darf der Reiter unter keinen Umständen stören, möchte er das Pferd nicht beunruhigen.

Sowohl am Boden als auch im Sattel muss jede Übung im Einklang mit der Bewegung der Beine erfolgen, um das Pferd nicht aus der Balance zu bringen. Was bedeutet das konkret?

FALSCHES TIMING

Machen Sie den Selbstversuch und lassen Sie sich longieren. Binden Sie einen Strick an Ihrem zur Zirkelmitte zeigenden Bein fest. Gehen Sie um den „Longenführer" auf einer Kreisbahn herum.

Nun veranlasst er Sie, den Zirkel zu verkleinern. Wie beim Pferd gibt er kurze Reprisen am Strick: Einmal in dem Augenblick, in dem Ihr inneres „Vorderbein" auffußt. Wie fühlt sich das an? Können Sie nach innen treten, obwohl gerade Ihr ganzes Gewicht auf diesem Bein ruht? Nur schwer, Sie kommen vermutlich aus dem Gleichgewicht. Jetzt gibt der Longenführer das Signal, sobald Ihr inneres Bein abfußt. Wie leicht können Sie jetzt den Zirkel verkleinern?

► HILFSZÜGEL

Häufig werden Hilfszügel verschnallt, um das Pferd in eine gewünschte Form zu bekommen. Der Hals und der Kopf sind aber die Balancierstange des Pferdes. Schränken Sie es hier ein, zeigen Sie ihm deutlich, dass Sie eben um die lebenswichtige Balance nicht wissen.

Machen Sie den Selbstversuch: Pressen Sie das Kinn auf die Brust und krümmen den Rücken nach vorne. Nehmen Sie den Strick oder die Longe in die rechte Hand und traben Sie um den Longenführer in der Mitte herum.

Wie ist Ihre Balance? Haben Sie das Gefühl, schneller laufen zu müssen, um wieder ins Gleichgewicht kommen zu können? Jetzt bitten Sie den Longenführer, die Longe anzunehmen, also nach innen zu ziehen. Spüren Sie, wie Ihr Gleichgewicht noch mehr verloren geht? Wie stark ist Ihr Wunsch, nach außen zu ziehen?

KAPPZAUM

Statt Ihr Pferd an der Trense und mit Hilfszügeln zu longieren, arbeiten Sie besser mit einem Kappzaum. Hängt die Longe zudem leicht durch, kann sich das Pferd frei ausbalancieren und fällt nicht so stark auf die Vorhand.

Achten Sie auf die Fußfolge Ihres Pferdes. Wenn es verstanden hat, dass Sie seine Bewegungen im Einklang mit der Fußfolge beeinflussen, zum Beispiel beim Zirkel verkleinern und vergrößern, wird es Ihnen vertrauen und Ihre Kommandos befolgen können.

Klarheit

Pferde kennen das Wort „vielleicht" nicht. Ihre Kommunikation ist immer eindeutig und klar. Menschen dagegen sprechen aus einer falsch verstandenen Höflichkeit oft nicht aus, was sie wirklich denken und wollen. Sie halten sich lange zurück, und erst, wenn „das Fass übergelaufen ist", reagieren sie. Dann aber umso heftiger. Pferde verstehen diese Art der Kommunikation nicht und werden dadurch verunsichert.

ICH MEINE ES NICHT SO

Klarheit zeigt sich nicht in äußeren Gesten, sondern in der Intention, im festen Willen, das durchzusetzen, was man möchte. Freiberger Hector ist erst zwei Tage in unserer Viererherde. Vorher stand er durch Stromlitzen getrennt in unserem Offenstall. Haflinger Nantos, der die Leitstute Roma über alles liebt, zeigt hier unmissverständlich, dass Hector ihr nicht zu nahe kommen soll. Deutlich erkennbar weicht Hector aus.

▼

AUFGESTIEGEN

Wenige Tage später hat sich das Bild gewandelt: Hector hat gespürt, dass Nantos nicht wirklich bereit ist, seinen Anspruch durchzusetzen. In der Folge muss Nantos jetzt vor Hector weichen.

Im Umgang mit Pferden ist eine starke Persönlichkeit wichtig. Ich muss wissen, was ich möchte. Viele Reiter sind dagegen zögerlich und unentschlossen, das spüren Pferde. Deswegen vertrauen sie keinem Menschen, der sich nicht absolut über sich selbst im Klaren ist.

Klarheit entsteht im Inneren, durch einen Gedanken und die feste Absicht, diesen Gedanken auch wirklich umzusetzen. Erst dann zeigt sie sich im Äußeren, in der Mimik, Gestik und Handlung.

„NEIN"

Unmissverständlich zeigt die Stute Navaja, dass ihr ein anderes Pferd zu nahe kommt. Sie hat eine genaue Vorstellung davon, was „zu nahe" bedeutet. Das können zwei, fünf oder zehn Meter sein.

Menschen sind sich oft nicht darüber im Klaren, was sie möchten, auch und gerade im Zusammensein mit Pferden.

Beispiel Nähe: Viele stört es nicht, wenn ihr Pferd, vielleicht sogar noch auf der Suche nach Leckerchen, direkt auf sie zukommt und mit den Nüstern anstupst. Ohne zu fragen, darf das Pferd in den persönlichen Bereich des Zweibeiners eindringen. Wird aus dem Stupser aber ein heftiger Stoß, weil das Pferd sich erschreckt und den Kopf hochgerissen hat, wird es gemaßregelt.

In dieser unterschiedlichen Bewertung der Situation liegt für das Pferd keine Klarheit, es kann dies nicht verstehen.

Der Weg zum Pferd

Wie wir uns einem Pferd nähern ist von entscheidender Bedeutung für alles, was danach kommt – angefangen beim Führen über das Putzen und Satteln bis hin zum Reiten. Denn ein Pferd bemerkt sofort anhand der Art, wie wir uns bewegen, ob wir in uns ruhen oder gestresst sind, ob wir ängstlich oder draufgängerisch sind. Und es wird aufgrund dieser Wahrnehmung entscheiden, ob es sich uns gerne anschließt oder unsere Gegenwart eher meiden möchte.

IM GLEICHGEWICHT

Anna nähert sich den Pferden klar, aber entspannt. Alles in ihrer Haltung drückt dies aus: Ihre Arme hängen aus lockeren Schultern herab, ihr Schwerpunkt ist tief und zentriert. Sie könnte mit jedem Schritt anhalten und die Bewegung ins Rückwärts umkehren. Das zeigt, dass sie ganz in der Balance ist.

Viele Menschen trampeln mit nach vorne geneigtem Oberkörper auf ein Pferd zu oder schleichen sich mit angespannter Muskulatur an – beides sind unnatürliche Bewegungen, die die Pferde beunruhigen.

Deswegen: Wenn Sie sich einem Pferd nähern, dann immer völlig entspannt, aber klar und ohne zu zögern – so kann ein Pferd Ihre Absicht problemlos deuten.

Anna geht bewusst auf Romas Schulter zu. Denn neben der klaren Körperhaltung ist es auch sehr wichtig, welchem Körperteil Sie sich nähern. Sich von hinten zu nähern wäre unklug, denn zum einen ist das nicht ganz ungefährlich – jedes Pferd kann sich erschrecken und ausschlagen. Zum anderen wirkt diese Position auch treibend, das Pferd reagiert vielleicht folgerichtig, indem es weggeht.

Wussten Sie?

Versuchen Sie, die Anspannung eines stressreichen Tages abzulegen, bevor Sie zu Ihrem Pferd gehen. Pferde lieben fließende, entspannte Bewegungen. Stockende, unklare oder angespannte Bewegungsmuster verunsichern sie.

▲

KEINE KOPFSACHE

Häufig wollen die Menschen möglichst schnell das Halfter auf den Kopf des Pferdes bekommen, um es von der Weide oder aus dem Stall zu holen. Deswegen gehen sie schnurstracks auf das Pferd zu. Das empfindet diese sehr direkte Annäherung aber in der Regel als bedrohlich und läuft vielleicht sogar weg.

Der Kopf, das Gesicht, ist bei jedem Lebewesen eine sehr intime Zone. Dort darf niemand einfach so herumtätscheln und schon gar nicht mit erhobenen Armen darauf zueilen.

Privatsphäre respektieren

Jedes Individuum hat einen privaten Raum, einen persönlichen Bereich, in den es fremde oder unerwünschte Lebewesen nicht einfach so hereinlässt, mögen die Absichten auch friedlich sein. Ein Pferd sollte wissen, dass ein Mensch diese Individualdistanz hat und sie entsprechend respektieren. Das gilt natürlich auch umgekehrt. Deswegen ist es so entscheidend, auf welche Art und Weise Sie sich Ihrem Pferd nähern.

NÄHE VERDIENEN

Im Alltag verhalten wir uns eigentlich irrational, zum Beispiel in Bus oder Bahn: Hier stehen wir mit wildfremden Menschen auf engstem Raum, manchmal so dicht, dass man sich berührt. So würde sich kein Pferd verhalten. Pferde sind immer auf der Hut. Sie haben überlebt, weil sie wachsam sind. Und weil sie wissen, wen sie nahe an sich heranlassen – nur den, dem sie uneingeschränkt vertrauen können.

Nähe muss man sich verdienen, sie wird einem nicht geschenkt. Auf dem Bild sieht man, wie beide Partner einen respektvollen Abstand halten. Denn dieses „sich die Nähe verdienen" ist ja keine Einbahnstraße, sondern ein Wechselspiel zwischen Pferd und Mensch.

DIE ERSTE BEGEGNUNG

Kennen Sie den Spruch „Der erste Eindruck zählt"? Auf diesem Bild begrüßt
Lea Anna freundlich und respektvoll.
Sie lächelt, ihr Oberkörper ist eher nach
hinten geneigt, sie lässt Anna genügend
Raum und bedrängt sie nicht. Das ist auch
wichtig, denn nur wenn beide Beteiligten
beim Kennenlernen ein gutes Gefühl haben,
kann daraus eine Beziehung, vielleicht
sogar eine Freundschaft entstehen.

Auch die Qualität jeder weiteren Begeg-
nung spielt eine Rolle. Stets muss sie wohl-
bedacht und mit Respekt erfolgen. Das
beginnt schon in dem Augenblick, in dem Sie
sich einem Pferd oder Menschen nähern.

RESPEKTVOLL

Auf diesem Bild zeigt Lea, wie es nicht sein
soll. Sie wirkt bedrängend, vielleicht sogar
bedrohlich, weil sie sich nah zu Anna hin-
beugt und ein eher unfreundliches Gesicht
macht. So betreten viele Reiter die Box
ihres Pferdes, hasten hinein, ziehen das
Halfter über und zerren ihr Pferd womöglich noch heraus.

Dabei ist die Box für das Pferd wie das
Schlafzimmer für uns: ein Raum der Ruhe,
eine Rückzugsmöglichkeit. Das sollte man
unbedingt respektieren. Stellen Sie sich
vor, jemand käme einfach ohne zu fragen
in Ihr Schlafzimmer und würde Sie aus
dem Bett zerren. Diese Grenze dürfte selbst
Ihre beste Freundin nicht einfach über-
schreiten. Nähe muss man sich verdienen.
Je mehr Vertrauen zwischen zwei Individuen
herrscht, desto mehr Nähe ist möglich.

Zueinander finden

Neben dem privaten Raum, in den nur jemand eindringen darf, der die Erlaubnis dazu bekommen hat, gibt es auch noch den halböffentlichen und den öffentlichen Raum, in dem sich jeder aufhalten darf. Im halb-öffentlichen Raum schaut man aber ebenfalls sehr genau hin, wer sich mit welcher Stimmung und Absicht nähert.

▲

DISTANZ WAHREN

Stellen Sie sich vor, Sie sitzen abends allein am Bahnsteig. Sie hören Schritte, jemand kommt die Treppe hinauf. Je nachdem, ob es eine Freundin, eine Bekannte oder ein Fremder ist, werden Sie entscheiden, wie weit die Person sich nähern darf, bevor Sie reagieren und aufstehen oder womöglich sogar den Bahnsteig verlassen.

Auf diesem Bild ist schön zu sehen, dass Anna in den halböffentlichen Raum von Roma eingedrungen ist, diese damit aber nicht einverstanden ist. Ihre ganze Haltung drückt aus, dass sie sich entfernen möchte.

Hier sollte man unbedingt stoppen und nicht weitergehen, um dem Pferd Zeit zu geben, sich auf die Nähe des Menschen ein-zulassen.

EINTRITT OHNE ERLAUBNIS

Anna hat nicht gewartet, ob Roma die Annäherung mag, sondern ist einfach weitergegangen. Sie ist in Romas privaten Raum eingedrungen, ohne dass ihr die Stute dies erlaubt hat. Das Ergebnis: Roma läuft weg.

Kleine Signale zeigen, ob ein Pferd mit der weiteren Annäherung einverstanden ist oder nicht. Das kann eine winzige Anspannung in der Halsmuskulatur sein. Manche heben den Kopf ein wenig oder schauen vom Menschen weg und verlagern ihr Gewicht in die andere Richtung. Bleibt man jetzt stehen, geht vielleicht einen Schritt zurück und wartet, bis das Pferd zu einem blickt, kann man sich im nächsten Schritt meist bis zum körperlichen Kontakt nähern. Wer zu ungeduldig ist, riskiert eine Reaktion, wie Roma sie zeigt. Was man auf diesem Bild nicht sieht: Erst Minuten später ist Roma bereit, sich halftern zu lassen.

WILLKOMMEN

Das ist sehr schön: Roma schaut offen und freundlich zu Anna und zeigt so ganz klar, dass für sie eine Annäherung völlig in Ordnung ist. Jetzt kann Anna weiterhin entspannt und fließend auf Roma zugehen und sanft den ersten körperlichen Kontakt herstellen.

Nehmen Sie sich Zeit bei der Annäherung und beobachten Sie die Reaktionen Ihres Pferdes genau. Erst wenn es sein Einverständnis signalisiert, gehen Sie weiter und sprechen es freundlich an. Berühren Sie es sanft an Schulter oder Widerrist, ehe Sie das Halfter anziehen.

Die Macht der Berührung

Fellpflege mit Artgenossen, aber auch das Kratzen an einem Ast oder Baum stehen bei Pferden ganz hoch im Kurs, vor allem in der Fliegensaison. Überall plagen die stechenden und saugenden Viecher – und jedes Pferd ist dankbar, wenn es jemanden findet, der ihm hilft, den Juckreiz ein wenig zu lindern. Das können Sie nutzen, um Ihr Pferd daran zu gewöhnen, sich überall putzen und berühren zu lassen – und um Freundschaft zu schließen.

◀ KUSCHELZEIT?

Bereits wenige Stunden nach der Geburt folgt das Fohlen seiner Mutter und der Herde. Zeit zum Kuscheln bleibt nicht, anders als zum Beispiel einem jungen Hundewelpen. Der verbringt die ersten Wochen seines Lebens größtenteils dicht an seine Geschwister geschmiegt. Und auch der Mensch hat als Baby engen Körperkontakt, meist mit der Mutter, der ihm Sicherheit gibt.

Aus dieser Urerfahrung heraus stülpen viele Menschen den Pferden den Wunsch nach Nähe und Geborgenheit über, ohne zu fragen, welche Bedürfnisse das Pferd seiner Natur gemäß hat. Bei Pferden haben Berührungen einen anderen Charakter: Sie festigen den Zusammenhalt innerhalb der Herde. Und sie dienen dazu, sich gegenseitig bei einem großen Problem zu helfen: die Unmengen von Insekten zumindest vom Gesicht fernzuhalten. Dazu stehen die Pferde zu zweit nebeneinander, Kopf an Kruppe. Durch leichtes Wedeln mit dem Schweif vertreiben sie sich so gegenseitig die Plagegeister vom Gesicht.

DAS TUT GUT

Super, wenn ein Ast wie dieser zum ausgiebigen Kratzen einlädt. In Zeiten des Fellwechsels oder während der Fliegensaison nutzen Pferde jede Möglichkeit zum Scheuern. Leider kommen sie dabei nicht an alle Stellen heran, vor allem nicht an die von den Plagegeistern stark frequentierten, wie zum Beispiel am Bauch oder zwischen den Hinterbeinen. Ideal ist es natürlich, sich im Schlamm zu wälzen – die so entstehende Dreckkruste mag unschön aussehen, schützt aber vor den fliegenden Plagegeistern.

KRATZ MICH MAL

Araberstute Roma, die normalerweise körperlichem Kontakt eher skeptisch gegenübersteht, genießt das Kratzen unter dem Bauch. Roma quälen ein knappes Dutzend Insekten an dieser für sie unerreichbaren Stelle. Aber auch wenn sie die Berührung dort mag, bedeutet das nicht, dass sie sie an jeder anderen Stelle ihres Körpers zu jeder Tageszeit toleriert, geschweige denn angenehm findet.

Wenn das Fell juckt, begrüßen selbst skeptische Pferde die Berührung des Menschen. Versuchen Sie herauszufinden, an welchen Stellen Ihr Pferd am liebsten gekratzt werden möchte, denn das ist individuell verschieden. Dann tasten Sie sich langsam zu anderen Stellen vor. Reagiert Ihr Pferd empfindlich oder mit Abwehr, gehen Sie zu der ihm angenehmen Stelle zurück und kratzen von hier aus kreisförmig weiter, wobei Sie sich langsam vorarbeiten.

Einander Begrüßen

Beim ersten Kontakt, in der körperlichen Berührung, spürt das Pferd sehr genau, mit welchem Gefühl Sie sich ihm heute nähern: Sind Sie gut gelaunt, angespannt, wütend oder unsicher? Der erste Kontakt sollte immer auf Freiwilligkeit basieren und niemals aufgezwungen werden – egal ob Sie Ihr Pferd auf der Weide, dem Paddock oder in der Box begrüßen.

ZUWENDEN

▶

Hier sieht man sehr schön Romas Bereitschaft, eine Berührung zuzulassen.

Roma war früher ein beinahe autistisches Pferd. Sie konnte gut auf den Menschen verzichten. Berührungen mochte sie überhaupt nicht. Viele Menschen kamen (und kommen auch heute noch) schlecht an sie heran – jedenfalls dann, wenn die Annäherung plump und nicht auf Romas Bedürfnisse abgestimmt ist.

Nähert man sich richtig, sollte sich ein Pferd dem Menschen zuwenden. Nur dann ist der Kontakt auch in seinem Sinne. Dabei muss sich das Pferd nicht mit dem ganzen Körper zu einem herumdrehen. Es reicht, wenn es – wie Roma hier – in Richtung des Menschen sieht. Achten Sie dabei auf die Mimik. Roma hat hier um Augen, Nüstern und Lippen einen sehr weichen, freundlichen Ausdruck, die Ohren zeigen neugierig nach vorne. Solange das Pferd nach außen sieht, denkt es vom Menschen weg.

Erst wenn man sich gut kennt, kann eine Berührung auch in diesem Fall möglich und sogar gut sein. Wenn sie mit dem richtigen Gefühl erfolgt, gibt sie Sicherheit.

Wussten Sie?

Der erste Kontakt muss nicht vom Menschen ausgehen. Auch das Pferd kann ihn herstellen. Wichtig ist nur, dass jeder die Privatsphäre des anderen respektiert und die Berührung entsprechend höflich und nicht aufgezwungen ist.

BERÜHREN

Streicheln Sie Ihr Pferd zur Begrüßung
am Widerrist oder Kraulen Sie es am Hals-
ansatz. Wie schon erwähnt, lässt sich kein
Lebewesen gerne von einem Fremden im
Gesicht berühren. Das kommt erst viel
später. Dazu bedarf es Vertrauen und die
Gewissheit, dass die Nähe nicht miss-
braucht wird.

Der erste Kontakt sollte nicht festhal-
tend sein. Wenn das Pferd gehen möchte,
kann es jederzeit gehen. Schnelle Bewegungen führen genauso zu Unsicherheit wie
stockende. Die Berührung sollte mit der
größten Selbstverständlichkeit erfolgen.
Schließlich ist sie, wenn beide wirklich einverstanden sind, das Normalste der Welt.

NEUGIER WECKEN

Aus Sicht des Pferdes kommen die meisten
Menschen, weil sie etwas von ihm wollen:
putzen, satteln, reiten oder longieren. Selten
wird dem Pferd dabei Zeit gegeben, sich
auf das Neue, auf die Anforderung wirklich
einzulassen. Dieses „wollen" können Pferde
nicht verstehen. Sie kennen
unsere Leistungsgesellschaft nicht. Und
Zeit haben sie den ganzen Tag.

Wie wäre es, wenn Sie stattdessen die
Neugier Ihres Pferdes wecken? Indem Sie
die Boxentür öffnen und einfach warten, bis
Ihr Pferd zu Ihnen kommt. Oder Sie setzen
sich auf die Weide oder den Paddock und
lesen ein Buch? Beobachten Sie, wie Ihr
Pferd langsam grasend zu Ihnen kommt, um
zu sehen, was Sie so machen. Das ist eine
ganz neue Erfahrung auch für Ihr Pferd.

Gute Kontaktaufnahme

Der erste Körperkontakt ist hergestellt, Sie können Ihr Pferd halftern. Je mehr Sie dabei auf seine Signale achten, desto besser wird dies gelingen: Dreht sich das Pferd eher von Ihnen weg, ist es angespannt oder wendet es den Kopf vertrauensvoll zu Ihnen? Durch diese Achtsamkeit wird die Beziehung zu Ihrem Pferd mit jedem Tag enger und harmonischer.

▲

ZWANGLOS

Wir haben eine Szene nachgestellt, die zeigt, was passiert, wenn der erste Kontakt nicht auf Freiwilligkeit basiert, sondern auf Zwang. Schon vor der Berührung hatte sich Roma von Anna abgewendet. Statt die Annäherung wieder neu aufzubauen, hat Anna versucht, Roma festzuhalten. Roma weicht mit einer schnellen Drehung aus.

Zwang ist niemals ein Mittel, um jemanden an sich zu binden oder jemanden zu halten. Schnelle, packende Bewegungen hat das Pferd in seiner 50 Millionen Jahre dauernden Existenz auf der Erde nur in einer Situation kennengelernt: In dem Augenblick, in dem das Raubtier zuschlägt. Folglich wird es immer versuchen, sich dieser Situation durch Flucht zu entziehen.

Basiert das Verhältnis zwischen Pferd und Mensch nicht auf Klarheit (der Mensch führt) und Vertrauen, kann das schnell gefährlich werden.

FEINGEFÜHL

Hier sieht man deutlich die Skepsis, mit der Roma den ersten Kontakt zulässt. Anna durfte sie berühren, aber Roma jetzt sofort ein Halfter anzuziehen wäre falsch.

Entweder schließt sich ein Pferd mir an, weil es vollkommen überzeugt ist, dass ich die beste Option bin, um es sicher durchs Leben zu führen, oder nicht. Dazwischen gibt es keine Grauzone.

Wussten Sie?

Je mehr Freiheit ich dem anderen gebe, desto stärker wird die Bindung an mich sein. Vorausgesetzt, ich vermittle ihm das Gefühl: Ich bin immer da, wenn du mich brauchst. Ich werde immer die bestmögliche Lösung für uns beide finden. Ich werde dein Vertrauen niemals missbrauchen.

KLARE GRENZEN

Was hier passiert ist, hat sich schon bei der Annäherung angedeutet: Das Pferd geht schnurstracks auf den Menschen zu und vergräbt seinen Kopf in seinen Taschen, in seiner Hand oder in seinem Bauch. Das ist extrem unhöflich. Wie wäre Ihnen zumute, wenn ein befreundeter Arbeitskollege jeden Tag so zu Ihnen käme?

Das Pferd kann für sein Verhalten nichts. Es hat lediglich gelernt, dass der Mensch keine Vorstellung von individuellem Raum hat. Das wird häufig durch die unsachgemäße Gabe von Leckerli verstärkt. Gegenseitiger Respekt ist aber enorm wichtig. Das Pferd muss verstehen, dass der Mensch klare Grenzen hat und eine solche Aufdringlichkeit nicht toleriert.

Halftern

Das An- und Ausziehen des Halfters ist eine scheinbare Nebensächlichkeit und keiner Erwähnung wert? Doch, ist es. Tatsächlich kommt ihm sogar eine hohe Bedeutung zu, denn wir halftern unsere Pferde jedes Mal, wenn wir mit ihnen zusammen sind. Und schon hier können Sie Ihrem Pferd beibringen, was Sie unter Partnerschaft verstehen. In einer Partnerschaft hört man immer dem anderen zu und versucht nicht, sich einfach loszureißen und seiner Wege zu gehen.

◄ KNOTENHALFTER

Ich werde oft gefragt, warum ich denn ein Knotenhalfter benutze. Das hat nichts mit einer schärferen Einwirkung oder mit Druckpunkten zu tun, wie man es oft lesen kann. Es gibt dafür zwei Gründe:

Erstens: Die meisten Halfter und auch Trensen werden dem Pferd eher ruppig über die Ohren gezogen. Die Ohren sind aber beim Pferd sehr empfindlich. Das Knotenhalfter lässt sich einfach anziehen und schließen, ohne die Ohren zu berühren. Aber auch wenn Sie ein normales Stallhalfter benutzen, können Sie es pferdefreundlich am Genickstück statt am Backenstück öffnen.

Zweitens: Ich möchte kein Metall zwischen mir und dem Pferd haben, denn für viele Übungen am langen Führstrick ist es einfach besser, den direkten Kontakt zu haben. Bei normalen Halftern muss ich den Strick in die Metallöse einhaken. Beim Knotenhalfter kann ich Seil an Seil knoten, so können selbst feinste Vibrationen beim Pferd ankommen.

IST DAS PFERD BEI MIR?

Hier erkennt man sehr schön, warum es wichtig ist, beim An- und Ausziehen des Halfters konzentriert und gefühlvoll vorzugehen. Gefühlvoll heißt hier: Ist mein Pferd auf mich konzentriert oder nicht? Was ist für mein Pferd gerade wichtig?

Wenn ich das Halfter anziehe, warte ich immer darauf, bis das Pferd sich freiwillig zu mir hinwendet. Tut es das nicht, ist es noch nicht bereit. Diese Zeit ist gut investiert. Vielleicht bekomme ich das Pferd noch irgendwie gehalftert, aber es ist nicht von Anfang an mit seiner Aufmerksamkeit bei mir und ich kann damit rechnen, dass sich später Probleme daraus ergeben.

HALFTER ABNEHMEN

Fabio wird auf die Weide gebracht und reißt sich bei der ersten Möglichkeit stürmisch aus dem Halfter los. Er hat es eilig, denn seine anderen Weidekumpel fressen schon munter Gras.

Das ist eine gefährliche Situation. Öffnen Sie das Halfter unkonzentriert und beiläufig, signalisiert das dem Pferd, dass es Ihnen nicht wichtig ist, ob Sie ein Team bilden oder nicht. Sie sind nicht klar in Ihren Handlungen. Denn in einem wirklichen Team nimmt man auf den anderen Rücksicht und reißt sich nicht einfach los.

Deswegen: Bringen Sie Ihr Pferd mit Achtsamkeit auf die Weide, warten Sie wieder, bis es sich Ihnen freundlich zuwendet und nehmen Sie dann sanft das Halfter ab.

Pferde wollen folgen

Unsere Pferde bilden inmitten einer Herde von etwa 18 Tieren ein kleines, eingeschworenes Quartett. Zwar stehen sie auf der Weide nicht immer so eng zusammen wie die Blätter des bekannten Kleeblattes, aber sie verlieren einander nie aus den Augen.

Pferde wollen folgen, es ist ihre Natur. Um eine wirkliche, tiefe und harmonische Partnerschaft zu erlangen, müssen wir in dem Empfinden und Erleben des Pferdes zu demjenigen werden, dem zu folgen es sich lohnt.

FÜHRUNG

Für die Wallache Ravel, Nantos und Hector ist Araberstute Roma von großer Bedeutung. Sie führt das Quartett an, sie ist die Rang-höchste. Entscheidet sie sich für einen Ortswechsel, folgen ihr selbstverständlich alle anderen. Nantos hängt mit seinen Nüs-tern fast in ihrem Schweif. Wenige Augen-blicke später schließen sich auch Ravel und Hector den beiden an.

Roma braucht sich nicht umzusehen, ob ihr die anderen drei folgen, sie kann sich dessen sicher sein. Denn bereits wenige Stunden nach der Geburt lernt das Fohlen, zu folgen: dem Schweif seiner Mutter. Sie ist seine Garantie zu überleben. Seine Mut-ter folgt den anderen Pferden der Herde, die gesamte Herde folgt der Leitstute – jenem Tier, das den anderen am meisten dient, das die größte Wachsamkeit hat, die uralten, sicheren Pfade kennt, die von einem Futterplatz zum anderen führen, zur Wasserstelle oder zu einem Platz, an dem die Tiere ruhen können.

SICHERHEIT

Roma folgt mir am durchhängenden Strick, egal wohin ich gehe. Denn in ihren Augen bin ich derjenige, der ihr die meiste Sicher-heit gibt, der ihr Überleben garantiert.

Wie nun wird man zu dem Menschen, dem das Pferd ohne zu zögern folgt? Mit dem es durch dick und dünn geht?

Pferd und Mensch sind auf den ersten Blick völlig unterschiedliche Spezies. Doch im Prinzip haben wir die gleichen Bedürf-nisse: Sicherheit, Sozialkontakt, Komfort. Pferde nehmen die Umwelt aber anders war und verständigen sich anders als wir. Zu verstehen, worin dieser Unterschied liegt, ist der Schlüssel zur Partnerschaft. Denn Partner oder Freund kann nur sein, wer den anderen versteht. Das ist die erste Voraussetzung. Fühle ich mich unverstan-den, werde ich dem anderen nicht folgen.

Führen mit Druck

Wenn der Mensch das Pferd richtig führt, wird das Pferd ihm folgen – wie das Fohlen seiner Mutter, wie die Herde der Leitstute. Scheinbar simpel ist das Führen in Wahrheit aber eine hochkomplexe Angelegenheit, bei der man die Grundlage für eine harmonische Partnerschaft legt.

ZIEHEN IST FATAL

Ich habe Lea gebeten, ihr Pferd so zu führen, wie man es häufig sieht: Der Mensch „zieht" es hinter sich her. Hier entstehen schon die größten Missverständnisse zwischen Mensch und Pferd, die negative Auswirkungen auf die Harmonie und vor allem auch auf das Reiten haben. Zum einen ist es sehr unhöflich, jemanden hinter sich herzuziehen. Genauso unhöflich ist es aber auch, sich ziehen zu lassen. In einer Partnerschaft übt man keinen Druck auf den anderen aus. Zug ist eine Form von Druck. Das Pferd lernt: Druck ist in der Gegenwart des Menschen normal – und ich bin stärker als der Mensch.

▼

AUSWIRKUNGEN

Was dieser Dauerdruck bewirkt: Das Pferd stumpft mit der Zeit ab, es nimmt den Menschen als unsensibel wahr. Im schlimmsten Fall geht es gegen den Druck an und lernt dabei immer mehr, wie schwach ein Mensch eigentlich ist. Das sieht man dann zu Beginn der Weidesaison, wenn der Vierbeiner mit dem Zweibeiner spazieren geht und gnadenlos zum Gras zieht.

Zudem bekommt gerade das junge Pferd eine vollkommen falsche Vorstellung, was der Reiter mit dem Zügel möchte. Wenn am Boden Zug am Kopf des Pferdes (über das Halfter) bedeutet, dass es vorwärtsgehen soll, dann bedeutet es das auch später im Sattel. Genau das möchte der Reiter aber nicht. Er möchte mit einer Zügelhilfe erreichen, dass das Pferd in Hals und Genick nachgibt oder setzt sie als halbe oder ganze Parade ein.

An diesem Punkt höre ich häufig, dass es ja ein Unterschied sei, ob ich am Boden vor dem Pferdekopf bin und ziehe oder aber im Sattel sitzend hinter dem Pferdekopf. Für uns ist das einleuchtend, für das Pferd nicht. Pferde können nicht abstrahieren. Für sie ist Zug gleich Zug.

Natürlich finden sie später irgendwie heraus, dass es da scheinbar einen Unterschied gibt, aber es verwirrt sie und sorgt für Disharmonie zwischen Mensch und Pferd.

Wussten Sie?

Zieht Ihr Pferd rückwärts, halten Sie nicht den Strick fest geschlossen in der Hand, sondern geben Sie immer wieder leicht nach und nehmen dann wieder an – wie ein Angler, der dem Fisch Leine gibt und sie dann wieder einholt.

Führposition aus Pferdesicht

Die richtige Position des Menschen beim Führen ist enorm wichtig und hängt davon ab, wie erfahren er ist, wie stark seine Führungsposition bereits etabliert und vom Pferd anerkannt ist. Anfangs verhindern Sie durch die richtige Position, dass Ihr Pferd drängelt oder Sie überholt. Später respektiert es Sie und versucht es gar nicht erst.

Wussten Sie?

Richtiges Führen bedeutet, Verantwortung zu übernehmen. Das geht nur, wenn man sich konzentriert und bemerkt, ob das Pferd wie gewünscht den Abstand und die Position hält, und gegebenenfalls korrigiert.

◄ VOR DEM PFERD

Geht das Pferd hinter dem Menschen, bedeutet das nicht automatisch, dass es dessen Führungsqualitäten anerkennt. Derjenige, der vorgeht, ist schließlich der Erste, der in eine mögliche Gefahr hineinläuft.

Das kann man beobachten, wenn es ans Wasser geht: Zögert das Pferd, gehen viele Besitzer voran, drehen sich um und fordern Ihr Pferd auf, nachzukommen. Eine gefährliche Situation, denn aus Sicht des Pferdes ist der einzig sichere Standort dort, wo der Mensch steht. Es wird also, sollte es springen, genau dort landen wollen.

Manchmal treibt das Pferd den Menschen auch vor sich her, ohne dass dieser es merkt. Achten Sie deshalb auf den Ausdruck Ihres Pferdes: Treibt es Sie, sind die Ohren angelegt, der Hals ist nach vorne gereckt. Der gesamte Körperausdruck signalisiert: Weg hier!

Gerade zu Anfang sollte das Pferd anderthalb bis zwei Meter hinter Ihnen gehen. Ängstliche Pferde werden schnell sehr ruhig, wenn sie wissen, dass es eine klare Regel gibt, die heißt: Abstand halten.

SCHULTERHÖHE

Die schwächste Position ist die auf Schulterhöhe des Pferdes. Sie führen nicht, sondern gehen neben dem Pferd her. Das ist in etwa so, als würden Sie mit einer guten Freundin durch die Stadt bummeln. Dort ist aber auch Ihre Führung nicht gefragt, sie verbringen einfach Zeit miteinander. Wenn die Leitstute unserer Herde, Roma, vorangeht, würde sie niemals dulden, dass einer der anderen mit dem Kopf auch nur auf Höhe ihrer Kruppe ist.

Diese Position sollte daher gerade am Anfang unbedingt gemieden werden. Erst wenn Ihre Führungsrolle völlig klar und vom Pferd akzeptiert ist, können Sie auf Höhe der Schulter gehen.

Pferde dominieren einander (und auch den Menschen) mit der Schulter. Achten Sie also unbedingt darauf, ob Ihr Pferd Sie, wenn auch subtil, zur Seite abdrängt.

▼

▲

HINTER DEM PFERD

Wenn das Verhältnis zwischen Pferd und Mensch klar ist, ist die Position hinter dem Pferd eine unglaublich starke Position: Sie können hier treibend oder auch verwahrend/stoppend einwirken und Ihr Pferd jederzeit wieder hinter sich bringen, wenn Sie die Position wechseln wollen.

Andernfalls gilt: Finger weg, gehen Sie niemals hinter Ihrem Pferd, erst recht nicht, wenn Sie es am Strick haben. Missverständnisse sind hier oftmals vorprogrammiert und können das Pferd veranlassen, nach hinten auszutreten.

Führen ohne Druck

Sowohl das Führen als auch das Folgen ohne Zug am Seil sind für das Pferd und den Menschen sehr angenehm. Pferde beantworten Druck immer mit Gegendruck. Richtig ausgeführt wirkt das Führen dagegen wie eine Einladung, der man auch gerne folgen möchte. Es gibt für das Pferd dann keinen Grund, gegen den Strick zu ziehen.

DIREKTE VERBINDUNG

Viele Menschen führen ihr Pferd zögerlich, gehen stockend und blicken immer wieder zurück, um zu sehen, ob das Pferd Ihnen wirklich folgt.

So verhält sich kein Lebewesen, das führt. Wenn meine Araberstute Roma geht, schaut sie sich nie um, ob die Wallache ihr vielleicht folgen oder nicht. Sie ist die Leitstute, bei ihr fühlen sich die anderen Pferde sicher. Sie folgen ihr garantiert.

Achten Sie darauf: Der Strick sollte beim Führen immer deutlich durchhängen, den Boden aber nicht berühren. Er ist die direkte Verbindung zwischen Ihnen und Ihrem Pferd. Gehen Sie aufrecht, locker, aber völlig selbstverständlich und blicken Sie nach vorne.

DER TRICK MIT DER SCHLAUFE

Häufig bekommt das Pferd bereits beim
Losgehen einen Ruck auf das Halfter oder
gar die Trense. Das liegt daran, dass der
Strick oder der Zügel zu kurz ist oder zu
kurz gehalten wird. Das Gefühl ist sehr
unangenehm. Das Pferd hat keine Chance,
den Ruck zu vermeiden. Ich lege daher eine
große Schlaufe in meine Hand, die ich fallen
lasse, ehe ich losgehe. Bitte keine kleine
um die Hand wickeln, das ist gefährlich! So
hat das Pferd Zeit, auf meine Bewegung zu
reagieren, und ich lade es ein, mir zu folgen.

FÜHLEN

Probieren Sie selbst aus, wie sich der
Unterschied anfühlt zwischen einem Zug
am Führstrick und der Variante mit der
Schlaufe. Wie geht es Ihnen, wenn die
Führperson am Strick zieht und Sie diesen
Druck spüren? Wenn mich jemand so führt,
baue ich automatisch Druck auf und möchte
rückwärts dagegenziehen, anstatt vorwärts
zu folgen. Ist es bei Ihnen genauso? Und
wie harmonisch fühlt es sich an, wenn die
Führperson die Schlaufe fallen lässt?

Wussten Sie?

Wenn doch einmal Druck auf das Seil
kommt, machen Sie die Hand nicht fest
zu, sondern schließen und öffnen Sie sie
schnell, während Sie weitergehen. Diesem
„Vibrieren" kann das Pferd keinen Druck
gegenüberstellen, denn es bietet dafür
keine Angriffsfläche.

Stehen bleiben will gelernt sein

Stehen bleiben ist eine der wichtigsten Lektionen, die ein Pferd lernen muss. Das wird spätestens verständlich, wenn man eine vierspurige, stark befahrene Straße überqueren muss und dem Pferd nicht klar ist, dass es hier so lange ruhig warten muss, bis der Reiter das Signal zum Weitergehen gibt.

NICHT BEWEGEN

Stehen bleiben bedeutet, sich nicht zu bewegen. Was sich so selbstverständlich anhört, ist vielen Pferden im Alltag nicht klar. Häufig sieht man: Der Mensch bleibt stehen und das Pferd geht einfach weiter und zieht meist auch noch am Strick.

Was man dem Pferd beibringen muss, ist der Unterschied zwischen „sich bewegen" und „sich nicht bewegen".

Das geht nur durch klare Kommunikation: Will der Mensch anhalten, bleibt er stehen, auch wenn das Pferd trotzdem weitergeht. Und zwar immer. Beispiel: Ein Reiter holt sein Pferd von der Weide, trifft unterwegs einen Kollegen und bleibt stehen, um sich zu unterhalten. Kurze Zeit später tritt das Pferd einen Schritt vor, der Reiter folgt ihm. Die Bewegung ist hier vom Pferd ausgegangen, nicht vom Mensch.

▼

VORWÄRTS

Häufig passiert auch der umgekehrte Fall: Das Pferd bleibt stehen und der Mensch ebenfalls. Auch hier lernt es, dass Bewegung und Nicht-Bewegung von ihm ausgehen, nicht vom Menschen. Das Pferd agiert, der Mensch reagiert.

Deswegen: Bleibt das Pferd stehen, während Sie führen (vorausgesetzt es zögert nicht, weil es unsicher ist oder gar Angst hat), gehen Sie unbedingt weiter. Wohin? Außer direkt auf Ihr Pferd zu, können Sie sich beliebig nach rechts oder links abwenden, allerdings ohne am Strick zu ziehen. Das gelingt am besten, wenn Sie sich in eine treibende Position in Richtung der Hinterhand begeben.

Wenn das Pferd am Boden verstanden hat, dass Sie vorgeben, ob es sich bewegen soll oder nicht, wird es später auch mit dem Reiter im Sattel damit keine Probleme haben.

▼

AUFSTEIGEN

Ist das Pferd beim Anreiten sorgfältig vorbereitet worden und steht stabil und ausbalanciert, wenn der Reiter das erste Mal aufsteigt, gibt es meist keine Probleme.

Geht das Pferd dagegen, trotz guter Vorbereitung, regelmäßig los, ehe der Reiter das Signal gegeben hat, liegt das vielleicht an einem Missverständnis: Steht das Pferd nicht gleichmäßig auf allen vier Beinen, wird es beim Aufsitzen einen kleinen Schritt vorwärts machen, um sich in ein besseres Gleichgewicht zu bringen. Viele Reiter schenken dem keine Beachtung und treiben das Pferd sofort nach dem Aufsitzen vorwärts. Hierdurch lernt das Pferd, dass der Reiter möglichst schnell eine Vorwärtsbewegung möchte. Da diese ja schon bei der kleinen Ausgleichsbewegung anfing, zu einem Zeitpunkt, als der Reiter noch nicht wirklich im Sattel saß, geht das Pferd davon aus, dass es sich bewegen soll.

▼

Wir werden ein Team

Die ersten Grundsteine sind bis hierher gelegt: Sie verstehen Ihr Pferd als Spezies Pferd. Sie haben seine Bedürfnisse kennengelernt. Sie wissen, wie Sie sich Ihrem (und jedem anderen) Pferd nähern, wie Sie es halftern und führen. Der Respekt Ihres Pferdes ist Ihnen nun sicher. Jetzt gilt es, auch das Vertrauen Ihres Pferdes zu gewinnen. Denn nur bei gegenseitigem Respekt und Vertrauen wachsen sie zu einem Team zusammen.

VERTRAUEN GEWINNEN

Dieses Bild zeigt ein Erlebnis, das mich zutiefst beeindruckt hat: Während eines zweitägigen Wanderritts steigt meine Frau Anna mit ihrem Haflinger Nantos bei Boppard auf die Fähre, um den Rhein zu überqueren. Nur die beiden, ohne andere Pferde und Reiter. Ruhig und völlig gelassen folgt Nantos ihr.

So etwas geht nur mit einem gut ausgebildeten Pferd, das den Reiter respektiert und ihm vertraut. Vor drei Jahren wäre diese Unternehmung sicher noch nicht möglich gewesen, die Beziehung zwischen den beiden war für eine derartige Aufgaben noch nicht gefestigt. Aber Anna hat Nantos gezeigt, dass sie ihn versteht, auf seine Bedürfnisse hört und er sich immer auf sie verlassen kann. Die beiden sind ein tolles Team geworden.

In der Reiterwelt gibt es scheinbar ungeschriebene Gesetze. Viele davon sind aber ohne die Pferde gemacht worden. Häufig fangen sie an mit „das Pferd darf nicht…" oder „das Pferd muss…". Das Pferd darf zum Beispiel nicht aus der Reithalle schauen, obwohl dort sein bester Freund gerade langgeht. Oder das Pferd muss an einer Mülltonne vorbeigehen, weil es doch schon so viele Mülltonnen gesehen hat. Mag sein, aber vielleicht riecht gerade diese Mülltonne anders.

Nur wenn Sie ein zwangloses, freundliches Miteinander mit Ihrem Pferd pflegen, bei dem das Pferd Fragen stellen und Antworten geben darf, die Ihnen vielleicht nicht immer gefallen, werden Sie wahre Harmonie erreichen.

DEN PARTNER ERKENNEN

Hier sieht man die beiden an der Rheinuferpromenade in Boppard. Weder Touristen noch flatternde Fähnchen stören Nantos. Er ruht in sich und vertraut Anna voll und ganz. Das liegt daran, dass sie ihm im täglichen Zusammensein zuhört und auf seine Bedürfnisse achtet – beim Reiten, bei der Bodenarbeit, aber auch auf der Weide oder beim Putzen. Pferde teilen uns mit, ob sie unsicher oder neugierig sind, ob sie jetzt lieber galoppieren möchten oder auch einmal eine Pause brauchen.

Kommunikation lernen

Aus Pferdesicht wirkt der Mensch eher grobmotorisch und „geschwätzig".
Das liegt daran, dass für Pferde jedes Körpersignal eine Bedeutung hat.
Der moderne Mensch verlässt sich aber auf die verbale Kommunikation
und vernachlässigt die Körpersprache. Wir gestikulieren viel. Damit uns das
Pferd als jemanden wahrnimmt, der wirklich etwas zu sagen hat, müssen
wir unsere Körpersprache reduzieren und eindeutig machen.

KÖRPERSPRACHE

Oft ist unsere Körpersprache völlig unklar.
Hier soll das Pferd zu einer Seite auf den
Zirkel gehen, wird aber von der hocherho-
benen Hand geblockt. Deshalb zögert es.
Jetzt wird auf der anderen Seite mehr
Druck gemacht. Viele Pferde gehen in dieser Situation rückwärts oder frieren ein
und bewegen sich gar nicht mehr. Sie verstehen nicht, was der Mensch möchte, und
sind verunsichert. Der Mensch wiederum
erkennt allzuoft die Ursache hierfür nicht.

KONZENTRIERT

Der Mensch ist abgelenkt und untermalt sein Gespräch mit einer Gestik, die dem Pferd fremd ist. Weil es das Gefuchtel nicht lesen und verstehen kann, schaltet es ab und lernt daraus, dass man die Körpersprache des Zweibeiners getrost ignorieren kann – er hat ja sowieso nichts zu sagen.

Wer dagegen seine Körpersprache auf das absolut Notwendige reduziert und eine Bewegung, die nicht dem Pferd gilt, mit der dem Pferd abgewandten Hand macht, erhält sich die Aufmerksamkeit seines Vierbeiners.

REDUZIERT

Für das Pferd sind zwei Dinge wichtig, um einem Wunsch oder einer Aufforderung durch den Menschen nachzukommen: Es muss verstanden haben, was der Mensch möchte. Und es muss körperlich in der Lage dazu sein. Das heißt, der Mensch muss seine Aufforderung klar formulieren.

Pferde erkennen winzigste Unterschiede in der Körperhaltung. Ihnen reicht ein Blick auf die Stelle neben dem Hinterhuf, um eine Reaktion, also in diesem Fall eine Vorhandwendung, zu bewirken. Erfolgt die nicht, erhöht man lediglich die Energie ein wenig: Man klopft zum Beispiel leicht mit der dem Pferd abgewandten Hand auf seinen Oberschenkel und verstärkt dies so lange, bis die Hinterhand weicht. Anna demonstriert, wie es nicht gemacht werden sollte: Ihre Haltung ist eher bedrohlich. Dieser Druck ist für die meisten Pferde zu hoch.

Blickkontakt – ja oder nein?

Es gibt Redewendungen wie „Wenn Blicke töten könnten" oder „Jemanden mit den Augen ausziehen", die verdeutlichen, wie bedrohlich ein Blick wirken kann. Je nachdem, wie wir andere Menschen oder auch Tiere ansehen, können wir ihr Vertrauen gewinnen oder ein unangenehmes Gefühl auslösen, das sich bis zur Furcht steigern kann.

Wussten Sie?

Ein fokussierender Blick kann auch unsere Atmung negativ beeinflussen. Stehen Sie mit dem Rücken zu einer Freundin, drehen Sie sich um und starren Sie sie an. Ihre Atmung wird flacher oder setzt ganz aus – für Pferde ist das ein Alarmsignal, das sie beunruhigt.

◀ INS GESICHT

Vor einiger Zeit arbeitete ich mit einer Stute, die charakterlich sehr stark, gleichzeitig aber sehr sensibel war. Ich stand etwa sieben Meter von ihr entfernt und hielt sie am Strick. Für einen Moment tat ich etwas, das ich sonst vermeide: Ich starrte ihr unvermittelt ins Gesicht. Sofort bewegte sie ihren Kopf weg von mir. Sobald ich den Blick von ihr nahm, entspannte die Stute und schaute wieder geradeaus.

Stellen Sie sich vor, ein anderer Mensch, egal ob ein Freund oder ein Fremder, starrt Ihnen wortlos in die Augen. Wie lange können Sie dem standhalten, ohne wegsehen zu müssen? Pferden geht es genauso, auch wenn sie es subtil ausdrücken.

Ein simpler Blick hat große Wirkung bei Pferden. Beim Longieren ist das gut zu erkennen: Schaut der Longenführer auf die Hinterhand, bewirkt das einen Vorwärtsimpuls, die Hinterhand wird aktiver, das Pferd geht fleißig. Fokussiert er die Schulter des Pferdes, wird es nach außen weichen. Fokussiert er dagegen den Kopf, wird das Pferd diesen vermutlich wegdrehen und in unerwünschter Außenstellung gehen.

WEICHER BLICK

Versuchen Sie einmal so zu sehen, wie
Pferde und andere Beutetiere dies tun: Der
weiche, nicht fokussierende Blick erlaubt
es, jede Bewegung im Blickfeld wahrzunehmen. Setzen Sie sich in den Bus und
probieren Sie, alles gleichzeitig zu sehen –
den Mann, der die Zeitung umblättert, das
telefonierende Mädchen, den sich am Bart
kratzenden Mann usw. Jetzt konzentrieren
Sie sich auf die Geräusche – den Motor,
das Husten, das Rascheln. Jetzt auf die Ge-
rüche: Schweiß, Parfum, Öl oder Benzin.

Willkommen in der Welt der Pferde. Mit
diesem weichen Blick erkennen Sie bei der
Bodenarbeit, ob die Hinterhand aktiv ist
und gleichzeitig, wie die Kopf-Hals-Position
Ihres Pferdes ist und ob es den Rücken auf-
wölbt oder nicht. Das braucht etwas Übung,
aber es geht. Ihr Pferd fühlt sich nicht
mehr beobachtet oder von Ihren Blicken
bedrängt.

▼

▲

KONZENTRIERTER BLICK

Es gibt eine Möglichkeit, Ihrem Pferd direkt
in die Augen zu schauen, die es nicht verunsichert. Diese Art zu schauen fokussiert
und prüft zwar auch, kommt aber aus einer
völlig anderen Ecke des Bewusstseins. Es
ist ein fürsorglicher Blick, der nichts will.
Dieser richtet sich ausschließlich auf das
Gesicht des Pferdes, niemals aber auf ein
anderes Körperteil. Es ist kein kontrollie-
render Blick oder einer, der Druck auf eine
bestimmte Körperstelle ausüben soll. Es
ist ein zutiefst freundschaftlicher Blick.

Wenn Sie Ihr Pferd so ansehen, stellen
Sie keine Forderungen. Sie geben ihm viel-
mehr das Gefühl, dass Sie immer für Ihr
Pferd da sein werden, wenn es Sie braucht.
Dieser Blick offenbart alle Freiheiten – Ihr
Pferd kann bei Ihnen bleiben, es kann aber
auch gehen, Sie werden es nicht hindern.

Aufmerksamkeit

Pferde sind immer im Hier und Jetzt. Mit all ihren Sinnen scannen sie die Umgebung. Weckt etwas Außergewöhnliches ihre Aufmerksamkeit, schauen sie in die entsprechende Richtung, um sich zu vergewissern, ob von dort Gefahr droht oder ob dort etwas ist, was ihre Neugier weckt. Das kann der Mensch nutzen, um die Partnerschaft mit dem Pferd zu fördern.

ERNST NEHMEN

Pferde haben das Bedürfnis, ein Objekt oder Lebewesen, das neu in ihrer Umgebung auftaucht (sichtbar, olfaktorisch oder akustisch), darauf zu prüfen, ob es gefährlich ist oder harmlos. Denn nur wenn eine Gefahr rechtzeitig als solche erkannt wird, können die Pferde fliehen. In einer Herde achtet daher jedes Mitglied auf die Reaktionen des anderen.

Sobald ein Pferd den Kopf hebt und konzentriert in eine bestimmte Richtung sieht, lauscht oder schnuppert, sind die anderen alarmiert. Das ist hier gut zu sehen: Leitstute Roma (rechts) hat etwas Interessantes auf der rechten Seite bemerkt. Ravel reagiert darauf sofort und schaut in die gleiche Richtung. Wird ein Pferd in Gegenwart eines Menschen aufmerksam, ist es wichtig, dies nicht einfach zu ignorieren.

▼

LEBENSRETTER

Nantos zögert. Das kann verschiedene Gründe haben: Er riecht, hört, fühlt oder sieht etwas, das ihn beunruhigt. Auch wenn ein Reiter den Grund für das Zögern seines Pferdes nicht sofort nachvollziehen kann, sollte er es ernst nehmen.

Im Krieg hat ein Pferd meinem Großvater das Leben gerettet – es hat den Feind schlicht früher bemerkt als er und die anderen Soldaten seiner Truppe. Das Pferd eines befreundeten Trainers zögerte an einer Holzbrücke, über die es schon hundertmal gegangen war. Ein Radfahrer überholte die beiden und brach durch die von unten morsch gewordenen Planken. Das Pferd eines berittenen Bogenschützen weigerte sich, über die fest angelegte Bahn zu galoppieren – es zeigte sich, dass sie durch Tiere tief untertunnelt war. Pferd und Reiter wären schwer gestürzt.

ICH SEHE ES AUCH

Araberstute Whity hat etwas wahrgenommen, ihre Reiterin reagiert darauf und schaut in die gleiche Richtung. Sie streichelt Whity am Widerrist und sagt ihr durch diese Geste: „Danke, dass du aufmerksam warst. Ich habe es auch bemerkt, es ist für uns völlig harmlos." Dadurch vermittelt Michaela ihrer Stute Souveränität, klare Führung und das Gefühl, wahrgenommen und verstanden zu werden. Das Pferd kann sich wieder entspannen. Diese scheinbar winzige Geste ist im täglichen Miteinander unglaublich wichtig und kann auch durchaus kritische Situationen entschärfen.

Verantwortung übernehmen

Der Ranghöhere führt. Das bedeutet nicht in erster Linie mehr Rechte, sondern mehr Verantwortung. Wer führt, muss ständig aufmerksam sein und mögliche Gefahren von denen abwenden, die er führt. Er schläft weniger. Er ist derjenige, der allen am meisten dient.

SCHUTZ GEWÄHREN

Wenn Sie die Führung übernehmen, liegt es in Ihrer Verantwortung, Gefahren von sich und Ihrem Partner Pferd abzuwenden. Das bedeutet, dass Sie konzentriert und wachsam sein müssen. Sie müssen rechtzeitig erkennen, ob alles wie gewünscht läuft oder nicht.

Damit ist das verborgene Stück Stacheldraht im kniehohen Gras gemeint, an dem Ihr Pferd hängen bleiben könnte, das her-anfahrende Auto auf der Straße, aber auch alltägliche Situationen beim Umgang, wie zum Beispiel diese: Sie holen Ihr Pferd von der Weide und führen es an den anderen Herdenmitgliedern vorbei zum Ausgang. Andere Pferde kommen vielleicht mit und bedrängen Mensch und Pferd. Das dürfen Sie auf keinen Fall zulassen. Sobald Sie mit Ihrem Pferd verbunden sind (durch den Strick oder auch mental/emotional), begibt sich Ihr Pferd in Ihre Obhut.

GEFAHREN ERKENNEN

Pferde zögern, in unbekannte Gewässer zu gehen. Aus ihrer Sicht ist das völlig verständlich, denn sie können nicht wissen, ob der Untergrund sicher ist oder ob Gefahren unter der Wasseroberfläche lauern. Auch sumpfiges Gelände, Holzbrücken oder eine Plastikplane wecken ihr Misstrauen. Kein Wunder: Dem Pferd ist bewusst, dass eine Verletzung an den Beinen jedwede Flucht unmöglich macht oder zumindest erschwert.

Akzeptiert es unsere Führungsrolle, wird es trotzdem über den ihm unsicher erscheinenden Boden gehen. Aber dann liegt es in unserer Verantwortung, dass es dies auch unversehrt tun kann.

Je vorausschauender wir mit einem Pferd agieren, desto mehr wird es uns vertrauen. Das bedeutet, dass uns plötzlich aufkommende Situationen eben nicht überraschen dürfen beziehungsweise wir sofort eine Lösung dafür haben müssen.

▼

▲

ACHTSAM SEIN

Pferde sind immer im Hier und Jetzt. Viele Menschen schalten aber beim Pferd ab, denken, träumen oder telefonieren. Passiert etwas, wird der Mensch überrascht und kann nicht angemessen reagieren.

In den Augen des Pferdes ist er damit kein zuverlässiger Führer. Führen heißt, Verantwortung für die Gruppe zu übernehmen. Die Leitstute hat ihren Rang deswegen inne, weil sie stets aufmerksam und somit in der Lage ist, zu beurteilen, ob etwas gefährlich ist oder harmlos. Je häufiger ein Pferd feststellt, dass der Reiter auf plötzliche Ereignisse nicht souverän reagieren kann, desto weniger ist es bereit, ihm zu folgen.

Wünsche erkennen

Pferde kommunizieren ständig mit uns und teilen uns mit, ob sie mit der aktuellen Situation zufrieden sind oder nicht. Das geht über offensichtliche Zeichen wie ein Schlagen mit dem Schweif, Anlegen der Ohren oder Abschnauben und Brummeln weit hinaus.

PAUSE GÖNNEN

Viele Pferde signalisieren, wenn sie eine Pause brauchen. Welch ein großartiges Gefühl für das Pferd, wenn der Reiter dem Wunsch nachkommt und das Pferd zum Beispiel draußen für fünf Minuten grasen lässt und anschließend wieder auf den Platz zurückkehrt. Hier kommt häufig der Einwand, das dürfe man nicht, weil das Pferd sonst immer am Ausgang stehen bleibe. Aber Sie müssen ja nicht bei jeder kleinen Nickbewegung am Ausgang sofort vom Pferd springen oder den Platz verlassen.

TYPSACHE

Überforderung oder Stress hat viele Gesichter. So gehen zum Beispiel Haflinger oder Norweger ganz anders damit um als beispielsweise ein Araber.

Fühlt sich das Pferd von Ihnen verstanden, wird es mit Ihnen durchs Feuer gehen. Dazu müssen Sie aber unbedingt die kleinen Signale, die es aussendet, bemerken und ernst nehmen.

Versuchen Sie nicht dogmatisch, sondern experimentierfreudig zu sein.

STRESS VERMEIDEN

Ich arbeitete einmal mit einer Haflingerstute, die nicht über einen ihr suspekt
erscheinenden Untergrund gehen wollte.
Das konnte die Klappe des Hängers sein,
ein kleiner Flusslauf oder eine Plastikplane. Sie zögerte nicht nur, sondern legte
sofort den Rückwärtsgang ein.

Wir übten an einer Plastikplane. Ich gab
ihr Zeit, wir näherten uns der Plane und
zogen uns wieder zurück. Äußerlich schien
sie ruhig und machte langsam, aber gut
mit. Doch nach wenigen Minuten fing ihre
Unterlippe an zu zittern. Schließlich stand
sie mit dem Vorderhuf direkt an der Kante
der Plane.

Ich konnte spüren, unter welch großem
Stress sie litt und gab ihr deswegen noch
mehr Zeit.

▼

▲

GEDULD STATT DRUCK

In dieser Situation üben viele Reiter massi-
ven Druck aus, weil es ja „nur noch ein
kleiner Schritt ist". Doch damit verlieren
Sie wieder alles, was Sie schon erreicht
hatten. Letztlich dauerte es im Fall der
Haflingerstute aber noch eine ganze Stunde
(mit vielen Pausen), bis sie ruhig mit mir
über die Plane ging.

Am nächsten Tag verfestigten wir das
Gelernte und übten. Das Pferd ging danach
auf den Hänger, über jede Plane und auch
durch Wasser. Es hatte gelernt, Vertrauen
zu haben und mit zunächst fremden, vielleicht auch angsteinflößenden Situationen
besser umzugehen. Zugleich konnte sein
Selbstvertrauen wachsen.

Gewohnheiten durchbrechen

Die Gewohnheit ist auf der einen Seite ein zuverlässiger Begleiter, auf der anderen Seite aber auch ein Hindernis, um Neues zu erlernen. Das gilt sowohl für neue Ideen als auch für neue Bewegungsmuster.
Es ist kein Problem, wenn Pferd und Reiter nicht sofort eine neue Idee oder Bewegung umsetzen können. Gewohnheiten zu durchbrechen braucht Zeit und stete Aufmerksamkeit. Anfangs ist es wichtig, dass Ihnen überhaupt auffällt, dass Sie oder Ihr Pferd noch im alten Muster verharren.

▲

BEWEGUNGSMUSTER

Beobachten Sie sich und Ihr Pferd ganz neutral. Erkennen Sie bestimmte Bewegungsmuster? Welche Muskeln spannen Sie wofür an, welche Muskeln brauchen Sie überhaupt für eine Tätigkeit? Sind Ihre Schultern locker oder ziehen Sie sie in Stresssituationen nach oben?

Wie bewegt sich Ihr Pferd, zum Beispiel bei einer Hinterhandwendung? Nimmt es dabei Last mit den Hinterbeinen auf? Wenn Sie, am Boden und im Sattel, immer darauf achten, dass Ihr Pferd einen Schritt rückwärts tritt, auf die Hinterhand kommt und erst dann die Wendung macht, wird sich dieses Muster im Körper abspeichern.

GEWOHNHEITEN ABLEGEN

Die meisten Menschen gehen immer zum Gesicht des Pferdes. Umgekehrt kommen viele Pferde immer mit ihrem Kopf zum Körper des Menschen – beides geschieht aus Gewohnheit. In diesem Fall hat aber nur der Mensch die Möglichkeit, diese Gewohnheit zu durchbrechen.

Es mag einige Zeit dauern, aber wenn Sie konsequent das Gesicht Ihres Pferdes meiden, wird Ihr Pferd auch seine Gewohnheit ändern, weil es erkennt, dass Sie das bisherige Muster durchbrechen und eine neue Idee haben. Das gilt für jede neue Idee – Pferd und Mensch müssen sich erst wieder an das Neue gewöhnen.

NEUE IDEEN

Aus Gewohnheit tragen viele Menschen ihre Tasche immer auf derselben Seite. Hierbei ziehen sie, wie Anna demonstriert, unweigerlich die Schulter nach oben. Nach einiger Zeit hat der Körper dieses Bewegungsmuster so verinnerlicht, dass die Schulter auch ohne Belastung angehoben wird. Das gilt auch für viele andere Bereiche im Leben: Wir spannen Muskeln an, die wir für die eigentliche Tätigkeit gar nicht brauchen.

Versuchen Sie, Ihre Gewohnheiten aufzuspüren und zu ändern: Putzen Sie sich die Zähne mit der anderen Hand als normalerweise, nehmen Sie die Gabel in die rechte Hand und das Messer in die linke und so weiter. So entwickeln Sie ein neues Bewusstsein für sich und Ihre Umwelt und können auch im Umgang mit dem Pferd kreativer und dem Pferd gemäß handeln.

Fehler dürfen sein

Wenn ich mit Pferden arbeite, möchte ich immer eine angenehme Atmosphäre schaffen, in der alle Beteiligten sich wohlfühlen können. Dazu gehört auch, wie ich mit möglichen Fehlern des Pferdes umgehe. Fehler sind da, um gemacht zu werden, von Pferd und Mensch. Es nützt nichts, sich darüber zu ärgern. Wichtig und entscheidend ist: Aus Fehlern lernt man und entwickelt sich weiter.

CHANCEN BIETEN

Ich versuche immer, das Pferd auf die Spur des Erfolges zu bringen. Ein Beispiel: Zu Beginn hat das Pferd noch keine Vorstellung, was der Mensch beim Führen erwartet. Bleibt der Mensch stehen, läuft das Pferd oft in ihn hinein. Als Reaktion wird es bestraft.

Anna macht etwas vollkommen anderes: Sie tritt zur Seite. Denn wenn ich schon vermute, dass etwas schiefläuft, gebe ich dem Pferd gerne die Möglichkeit, diesen Fehler gar nicht erst zu machen.

Stellen Sie sich vor, auf der Arbeit sagt Ihr Vorgesetzter ständig, was Sie alles falsch machen. Wenn Sie vorher motiviert zur Arbeit gegangen sind und gerne kreative, neue Vorschläge gemacht haben, werden Sie mit der Zeit immer vorsichtiger, weil Sie jeden Fehler vermeiden möchten.

Pferden ergeht es nicht anders. Stellen sie fest, dass ihre Ideen vom Mensch immer abgelehnt werden, ziehen sie sich allmählich zurück. Sie verlieren ihre Neugier, ihren Stolz, ihren Ausdruck, den Glanz in ihren Augen. Und sie sind nicht mehr bereit mitzuarbeiten.

Wussten Sie?

Eine Korrektur muss das Pferd als solche verstehen und als gerechtfertigt erkennen können. Das erfordert ein sehr gutes Einfühlungsvermögen, stete Aufmerksamkeit und ein perfektes Timing. Das haben die wenigsten Reiter. Deswegen plädiere ich im Zweifel für den Angeklagten.

VERSTÄNDNIS FÖRDERN

Pferde machen im herkömmlichen Sinn
keine Fehler, sie haben nur nicht verstanden, was der Mensch von ihnen möchte.
Oder sie sind körperlich nicht in der Lage,
das Gewünschte auszuführen.

Beispiel Galopp: Der Reiter fordert ein
junges Pferd zum Galopp auf. Es springt
im Außengalopp an. Prima, alles richtig
gemacht, oder? Die meisten Reiter korrigie-
ren das Pferd, weil es ja auf der falschen
Hand angesprungen ist. Aber sie vergessen, dass sie zweierlei wollten: 1. Galopp,
2. Handgalopp. Das erste Ziel haben sie
erreicht, dafür muss das Pferd gelobt werden. Der korrekte Handgalopp ist dann erst
der zweite Schritt und ergibt sich nahezu
von selbst, wenn man dem Pferd genug
Zeit lässt, zu verstehen.

MUTIG SEIN

Seien Sie mutig, machen Sie Fehler. Zugegeben, in der menschlichen Welt ist es
meist anders, jeder muss perfekt sein.
Aber Fehler sind durchaus positiv – dann,
wenn Sie daraus lernen. Wer keine Angst
hat, etwas falsch zu machen, bleibt locker.

Den positiven Effekt merkt man schon
bei den Führübungen. Hier soll das Pferd
immer einen gewissen Abstand zum Menschen einhalten, auch beim Anhalten. Wenn
der Mensch hierbei den Fokus nach vorn
richtet und nicht immer stehen bleibt, um
den Abstand zu überprüfen, werden beide,
Pferd und Mensch, locker und fließend
vorwärtsgehen. Ist der Fokus nach hinten
gerichtet, stockt die Bewegung.

Neugierde

Jedes Pferd ist von Natur aus sehr neugierig auf seine Umwelt. Diese Neugier sollten Sie auf jeden Fall erhalten, wenn Sie ein Pferd haben möchten, das leicht auf Ihre Hilfen reagiert. Und mehr noch: Wenn Sie die Neugier Ihres Pferdes fördern, wird in kritischen Situationen die Neugier über die Angst siegen.

▼

NEUGIER ABSCHALTEN

In den letzten Jahren ist es „in", Pferde auf alles zu desensibilisieren, was ihnen in ihrem Leben begegnen könnte. Dieses Wort „alles" drückt schon einen Teil des Problems aus, denn „alles" ist unendlich. Sobald ein Mensch die Idee eines Stuhls verstanden hat, wird er jeden Stuhl auf der ganzen Welt als solchen erkennen, unab- hängig von Farbe, Größe, Geruch und Beschaffenheit des Materials. Ein Pferd dagegen erlebt jeden Stuhl als neu und einzigartig und abhängig von der jeweiligen Situation, in der er auftaucht. Deswegen kann man Pferde zwar auf eine Plastikplane desensibilisieren, aber sobald sie in einer anderen Variante auftaucht, beurteilt das Pferd sie wieder völlig neu.

LEICHTIGKEIT

Indem ich das Pferd desensibilisiere, nehme ich ihm die Leichtigkeit. Warum? Weil es immer wieder aufs Neue erfährt, dass Menschen mit plötzlich aufkommender Energie überfordert sind. Aus Pferdesicht möchte der Mensch lieber keine Energie, sondern eine Art Halbschlaf, in dem das Pferd alles Mögliche toleriert. Das geht nur so lange gut, wie die potentielle Gefahr nicht zu groß ist. Glaubt sich das Pferd aber wirklich in Lebensgefahr, wird es jede Zusammenarbeit mit seinem Reiter aufgeben und allein nach einer Lösung suchen. Und das bedeutet: Flucht um jeden Preis.

NEUGIER WECKEN

Ich möchte dem Pferd beibringen, dass ich mit seiner Energie, seinen Ängsten und Sorgen problemlos klarkomme, ja es als Individuum genau so mag und annehme, wie es ist. Es darf unsicher sein, sich erschrecken, wegspringen. Aber ich gebe ihm gleichzeitig die Idee, in mir die Lösung zu suchen. Ich bin derjenige, der die Gefahr richtig einschätzt und den Weg aus der Bedrohung findet. Je mehr das Pferd dies erkennt, desto neugieriger wird es, bei aller Vorsicht, in einer gefährlichen Situation darauf sein, wie ich mit diesem Problem umgehe. Wir werden immer mehr zu einem Team.

Nur wenn ein Pferd ein ganz individuelles Pferd sein darf, wird es seine angeborene Neugier und Leichtigkeit behalten. Nur dann können Sie auch gefährliche Situationen gut gemeinsam meistern.

Abwechslung bieten

Routine ist gut, denn sie gibt Sicherheit bei Dingen, die neu sind. Ist die Sicherheit aber da, kann Routine auch sehr schnell langweilig werden. Deswegen: Verlassen Sie die gewohnten Pfade, sobald ein Pferd eine Aufgabe verstanden hat. Erkunden Sie mit ihm Neuland. Gemeinsame Erlebnisse schweißen zusammen.

PARTNERSCHAFT

Longieren im klassischen Sinn, also das Pferd unter gymnastizierenden Gesichtspunkten korrekt auf einer Kreisbahn zu bewegen, praktiziere ich am Anfang der Ausbildung so gut wie gar nicht. Mir geht es erst einmal darum, mit dem Pferd in eine partnerschaftliche Beziehung zu kommen.

Ich möchte meine Energie mit seiner in Übereinstimmung bringen. Dazu reichen oft nur wenige Runden. Das Zirkeln beende ich dann unterschiedlich: Mal lasse ich das Pferd zu mir in die Mitte kommen, mal trete ich aus dem Zirkel heraus und lasse das Pferd mir folgen. Dadurch bleiben die Pferde wach und neugierig.

ERLEBNIS

Verbinden Sie Übungen, die für Ihr Pferd schwierig sind, mit einem gemeinsamen positiven Erlebnis. Damit meine ich nicht das Lob – das sollte ohnehin selbstverständlich sein. Ich meine eine positive Erfahrung. Das kann der Snack am Grasstreifen sein, ein ausgiebiger Galopp unter dem Sattel oder das Wiedersehen mit den Weidekumpels. Durchbrechen Sie die Routine, wann immer es geht. So bleiben Sie für Ihr Pferd spannend und wecken seine Neugier.

GEGEN DIE LANGEWEILE

Funktioniert etwas nicht so, wie Sie es sich vorgestellt haben, versteifen Sie sich nicht darauf. Viele Wege führen zum Ziel.

Ein klassisches Beispiel ist das Ausreiten einer Ecke. Auch wenn ein Pferd tausendmal problemlos durch die Ecke geht, kommt vielleicht ein Moment, in dem es scheut, zögert oder abkürzen möchte. Der Reiter versteift sich nun womöglich darauf, unbedingt in die Ecke zu reiten, übt Druck aus und fängt an, mit dem Pferd zu kämpfen. Ich bleibe in einer solchen Situation lieber entspannt und reite Volten, Schlangenlinien oder verbessere das Rückwärtsrichten – und plötzlich sind wir in der Ecke.

Für das Pferd ist das sehr angenehm, weil es keinen Ehrgeiz, keinen Druck seitens des Menschen spürt. Es ist wie das Folgen am Boden: Je mehr Freiheit ich dem Pferd lasse, mir (hier im Sattel) zu folgen oder nicht und ihm gleichzeitig Sicherheit gebe, desto eher wird es das tun.

Geben Sie Ihrem Pferd einen Job

Früher wurden Pferde nicht zum Spaß oder als schönes Hobby gehalten. Jedes Pferd hatte einen Job, ob vor der Kutsche, vor dem Pflug oder unter dem Sattel. Mensch und Pferd bildeten ein eingespieltes Team und gingen – im besten Fall – durch dick und dünn.

WIR SIND EIN TEAM

Kaltblutstute Malve und ihr Besitzer und Ausbilder Olav Stracke kennen ihre Aufgabe genau. Alles, was Malve macht, vorwärts, rückwärts, seitwärtstreten und stehen bleiben, ergibt beim Holzrücken einen Sinn.

Pferde sind sehr soziale Lebewesen. Sie wollen wissen, was ihre Aufgabe an der Seite des Menschen ist. Haben sie diese Aufgabe verstanden und sind auch körper-

▼

lich in der Lage, sie auszuführen, brauchen sie keine weitere Motivation. Malve ist stets fleißig und eifrig bei der Sache, obschon es wirklich Schwerstarbeit ist, solche Baumstämme zur Rückegasse zu ziehen. Ähnliches habe ich bei einem Kaltblut im Weinberg beobachtet, auch im Vielseitigkeits- und Springsport, bei Distanz- und Wanderpferden. Wann immer Pferde einen Job an der Seite des Menschen hatten, waren sie bereit, alles zu geben.

SPASS HABEN

Roma und ich haben einfach Spaß an der eigenen Bewegung und entdecken später neue Pfade im Wald. Roma ist freudig erregt und muss eher gebremst als angetrieben werden.

Wir springen gemeinsam über quer liegende Baumstämme, laufen durch kleine Schluchten, entspannen auf einer Lichtung im Wald, beobachten Rehe – die Welt ist voller aufregender Dinge, die wir gemeinsam erleben. Ich gebe den Dingen, die wir vorher geübt haben, einen Sinn.

Roma achtet genau auf mich und die Signale, die ich ihr übermittle.

Dabei ist es hilfreich, wenn Roma mir locker folgt, mich nicht überholt, springt, vielleicht eine Vorhand- oder auch Hinterhandwendung macht.

Es kann auch sein, dass wir einen „Inspektionstag" einlegen: Wir reiten los und prüfen unsere Zäune, die Paddocks und die Koppeltore auf Funktion und Sicherheit. Ideen gibt es noch mehr, seien Sie kreativ.

Wussten Sie?

Ein Job, der Spaß macht, gibt den Pferden und auch den Menschen das Gefühl, in dieser Welt gebraucht zu werden.

Mit Pferden unterwegs

Pferde sind in freier Natur überwiegend im kleinen Herdenverband im Schritt unterwegs. Dabei gehen sie – ähnlich wie unsere heimischen Wildtiere – auf sogenannten Wechseln, einer etwa 30 Zentimeter breiten Spur. Sie bewegen sich hintereinander, angeführt von der Leitstute.

◄ WANDERREITEN

Ich möchte weder Platz noch Halle diskreditieren – beide haben ihre Berechtigung. Doch aus Sicht des Pferdes ist es völlig sinnlos, sich hier auf geraden und gebogenen Linien zu bewegen. Und das überwiegend auch noch in Gangarten, die das Pferd in freier Natur nur selten wählt: Trab und Galopp.

Im Kontrast dazu steht das Wanderreiten: Hier bewegen sich Pferd und Reiter größtenteils im Schritt. Sie reiten hintereinander und bewegen sich auf einem Pfad (auch wenn der schon mal Straßenbreite hat). Angeführt wird die Gruppe von der Pferd-Reiter-Kombination, die die meiste Erfahrung hat und den Weg kennt. Wer jemals einen mehrtägigen Wanderritt unternommen hat, spürt sofort, wie selbstverständlich das für die Pferde ist und wie wohl sie sich fühlen. Erfahrene Wanderreitpferde brauchen nicht motiviert zu werden, denn der Wanderritt kommt der seit Millionen von Jahren praktizierten Art der Fortbewegung am nächsten.

SINNVOLL ARBEITEN

Auch Lektionen und Übungen, die auf dem Platz nur schwer ihren Sinn offenbaren, erscheinen im Gelände in einem anderen Licht. Kommen Sie zum Beispiel an ein Hindernis, müssen Sie Ihr Pferd rückwärts richten und eine Hinterhandwendung machen, damit sie auf engem Weg umdrehen können. Übergänge von einer Gangart zur nächsten sind logisch, wenn Fußgänger oder ein Bach auftauchen. Ihr Pferd spürt, dass sie beide eine Aufgabe gemeinsam bewältigen.

Wussten Sie?

Bei einem mehrtägigen Wanderritt werden Sie und Ihr Pferd zu einem Team zusammenwachsen. Sie meistern gemeinsam Herausforderungen wie das Durchqueren von Bächen oder das Reiten im Straßenverkehr. Und Sie sind mit Ihrem Pferd den ganzen Tag zusammen und nicht nur Besucher für eine Stunde.
So lernen sie sich beide besser kennen, als das in der Reithalle oder auf dem Platz möglich wäre.

Missverständnisse vermeiden

Pferde sind bereit, alles zu tun, was wir von ihnen möchten – sofern sie dazu körperlich in der Lage sind. Allerdings müssen sie verstehen, was wir ausdrücken. In den vorigen Kapiteln sind Sie schon tief in die Welt der Pferde eingetaucht und haben gelernt, die Bedürfnisse dieser wunderbaren Lebewesen zu erkennen. Jetzt erfahren Sie, welche häufigen Missverständnisse es zwischen Pferd und Mensch gibt und wie man diese vermeidet.

GEFÜHL

Hier geht es nicht um Gefühle wie Liebe oder Hass, sondern um die Art, wie der Mensch mit dem Pferd umgeht: Ob er beispielsweise den Huf einfach hochziehen möchte, um ihn auszukratzen, oder ob er das Pferd danach fragt. Ob er das Pferd mit kräftigen Schlägen auf den Hals loben möchte, oder ob er es sanft am Widerrist krault. Natürlich steckt hinter diesem körperlichen Gefühl auch das geistige: Je mehr Sie Ihr Pferd kennen und lieben, desto besser wird das körperliche und seelische Gefühl sein, das Sie ihm vermitteln.

DAS RICHTIGE TIMING

Gutes Timing heißt, dem Pferd eine Hilfe zu geben und sie im richtigen Moment auszusetzen. Denn Pferde lernen in dem Moment, in dem der Druck nachlässt. Bleibt diese Reaktion aus, fehlt ihnen die Rückmeldung, ob sie auf dem richtigen Weg sind oder nicht.

Stellen Sie sich vor, eine Freundin tippt Ihnen auf die Schulter und Sie drehen sich um. Im Normalfall wird sie jetzt aufhören zu tippen, denn sie hat ja ihr Ziel erreicht. Macht Ihre Freundin dagegen weiter, wissen Sie gar nicht mehr, was sie denn eigentlich von Ihnen möchte.

Pferden geht es genauso. Bei Nantos sieht man sehr gut, wie er auf die Zügelhilfe reagiert hat: Anna hat den rechten Zügel angenommen, weil Sie möchte, dass er den Kopf und Hals nach rechts nimmt. Sobald er reagiert, gibt Anna mit dem Zügel deutlich nach.

Wussten Sie?

Pferde versuchen immer, im Gleichgewicht zu bleiben. Kein Wunder, ein Fluchttier, das aus der Balance gerät, ist schnelle Beute. Viele sogenannte Unarten des Pferdes wie Buckeln oder Losrennen entstehen nicht, weil das Pferd dem Reiter etwas Böses möchte, sondern schlicht, weil es aus dem Gleichgewicht geraten ist.

Pferde sind keine Kuscheltiere

Der Mensch möchte berühren, anfassen, die Welt mit seinen Händen erfassen. Also geht er auch auf körperlichen Kontakt zum Pferd. Ob das Pferd diese Berührung als angenehm empfindet, sie nur duldet oder sogar ablehnt, hängt von verschiedenen Faktoren ab: dem individuellen Pferd, seiner Tagesform und der Art und Weise, wie diese Berührung stattfindet.

AUFDRINGLICH

Dieses Foto wurde gestellt, um zu zeigen, dass Araberstute Whity diese Form der Berührung am Kopf überhaupt nicht mag – wie übrigens alle Pferde und auch wir Menschen. Der Kopf eines Lebewesens ist sensibel, die Augen gelten als Sitz der Seele.

Die Art, wie Whity hier liebkost wird, erinnert mich an meine Kindheit, als die Tanten dem kleinen Jungen immer den Kopf tätschelten, die Wange kniffen oder ihn gar küssten mit den Worten: „Nein, ist der groß geworden." Berührungen dürfen niemandem aufgezwungen werden.

EINVERSTÄNDNIS

Anna geht auf körperlichen Kontakt mit Roma. Ein schöner Moment, auch wenn Romas Blick noch ein wenig Skepsis zeigt. Das legt sich aber in den nächsten Sekunden, denn Roma merkt, dass hinter Annas Berührung eine echte und tiefe Bedeutung liegt: Ich respektiere dich genauso wie du bist. Ich zwinge dir nichts auf, was du nicht magst. Du kannst jederzeit gehen, wenn du möchtest.

Berührung bedarf immer des Einverständnisses des Partners, egal ob Mensch, Pferd oder ein anderes Lebewesen.

GEFÜHLVOLL

Streicheln Sie Ihr Pferd nicht so, als würden Sie Ihr Auto polieren. Seien Sie mit den Gedanken bei Ihrem Pferd.

Eine Berührung sollte immer gefühlvoll sein, nicht aufdringlich oder besitzergreifend. Sie muss immer selbstverständlich sein, niemals zögernd, niemals ohne Bedeutung, niemals ohne Respekt für den anderen – dann wird ein Pferd diese Berührung akzeptieren. Sie kann ihm unglaublich viel Sicherheit und Ruhe vermitteln.

Welche Berührungen sind Ihnen angenehm? Wie würden Sie Ihr Kind, Ihren Partner oder eine Freundin umarmen, wenn sie unsicher, traurig oder verzweifelt ist? Wie begrüßen Sie einen anderen Menschen, den Sie gerade kennenlernen? Wie wirkt ein kräftiger Händedruck auf Sie, wie ein sanfter, wie einer, der sich nach labbrigen Würsten anfühlt? Fühlen Sie – und schulen Sie Ihr Gefühl.

Wussten Sie?

Nähe muss man sich verdienen. Wie gerne werden Sie von einem Menschen angefasst? Wo darf welcher Mensch Sie berühren? Je vertrauter Sie Ihrem Pferd sind, je mehr Sie es respektieren und je weniger Sie ihm eine Berührung aufzwängen, desto mehr körperliche Nähe wird es zulassen.

Hufe geben

In einer harmonischen Partnerschaft fragt man das Pferd, ob es den gewünschten Huf geben möchte. Wenn das Pferd verstanden hat, was der Mensch von ihm möchte und in der Balance ist, wird es der Aufforderung mit Leichtigkeit nachkommen.

AUSBALANCIERT

Als Vierbeiner steht das Pferd auf einem stabilen Fundament, wie zum Beispiel ein Tisch. Nimmt man aber bei einem Tisch ein Bein weg, gerät er zu der Seite aus dem Gleichgewicht, auf der das Bein fehlt. Das ist bei einem Pferd nicht anders.

Die Lösung, um die Balance zu behalten, ist einfach: Das Pferd muss mit den verbliebenen drei Hufen ein stabiles Dreieck bilden.

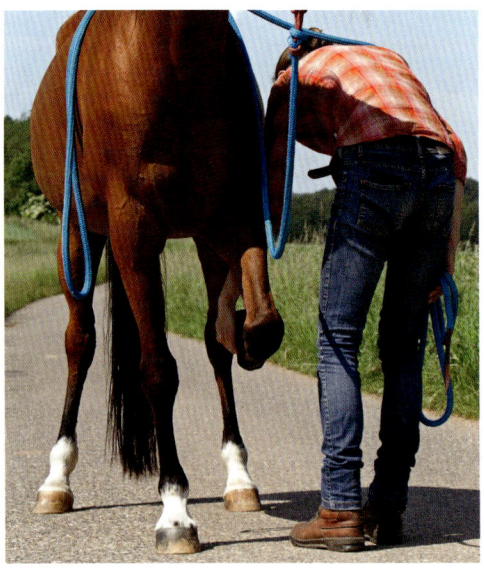

FESTER STAND

Gerade jungen Pferden fällt das ausbalancierte Stehen auf drei Beinen anfangs oft schwer. Ein erfahrenes Pferd weiß, was zu tun ist: Möchte der Mensch beispielsweise einen Vorderhuf anheben, stellt es sich hinten breitbeinig hin, um ein stabiles Fundament bilden zu können. Vielleicht benötigt es aber einen Moment, um seine Beine zu sortieren!

DER RICHTIGE MOMENT

Gibt ein Pferd den Huf nicht, obwohl es von der Balance her möglich wäre, oder versucht es ihn schnellstmöglich wegzuziehen, so hat es nicht verstanden, was der Mensch von ihm möchte. Das liegt meist an einem schlechten Timing.

Bei jedem Pferd sollte man den Huf wieder absetzen, bevor das Pferd das Bedürfnis dazu hat, sei es, weil ein junges Pferd noch nicht so lange mit hochgehobenem Bein stehen kann, sei es, weil das Pferd unsicher ist und Gefahr wittert.

Häufig verpasst der Mensch den richtigen Zeitpunkt und hält so lange fest, bis das Pferd ernsthaft versucht, den Huf freizubekommen. Lässt man jetzt los, lernt das Pferd, dass es herumzappeln muss, damit der Mensch nachgibt.

Wussten Sie?

Ehe man ein Pferd fragt, ob es den Huf geben mag, sollte man sich vergewissern, dass es den gewünschten Huf überhaupt geben kann. Selten stehen Pferde, wenn Sie angebunden sind, ganz gleichmäßig, häufig belasten sie einen Huf mehr als die anderen drei. Diesen Huf kann das Pferd aber nicht so einfach geben, weil es dann aus der Balance geraten würde. In diesem Fall bittet man es einen Schritt rückwärts, bis es das Gewicht von dem gewünschten Huf nimmt.

Verlangen Sie keinen Kadavergehorsam. Manchmal dauert es einige Sekunden, bis das Pferd wie gewünscht reagiert.

Hilfengebung

Hilfen sind absolut notwendig für die Verständigung zwischen Reiter und Pferd. Sie sollten immer sehr genau und fein dosiert erfolgen, damit das Pferd sie verstehen, annehmen und wie gewünscht ausführen kann. Doch häufig gibt es hier große Missverständnisse, die ein harmonisches Miteinander und feines Reiten verhindern. Von gesundheitlichen Problemen leider ganz zu schweigen.

ZÜGELHILFEN

Die Zügelhilfe soll dem Pferd signalisieren, dass es in Genick und Hals lateral oder vertikal nachgeben soll. Leider wird der Zügel häufig zu früh, beidseitig und dauerhaft aufgenommen. Dabei fehlt es oft am richtigen Gefühl und Timing. Nicht selten wirkt der Reiter ungewollt, aber stetig rückwärts ein.

Die Folge des Dauerzugs: Das Pferd verspannt sich, vor allem auf gebogenen Linien kann es sich nur schwer oder gar nicht ausbalancieren. Es bringt sein Gewicht vermehrt auf die Vorhand – was das Gegenteil von dem ist, was der Reiter erreichen möchte.

Reagiert der Reiter nicht angemessen, gibt er die Zügel nicht nach, sondern zieht unentwegt weiter, versucht das Pferd (gemäß Versuch und Irrtum) eine andere Lösung zu finden. Vielleicht wird es dabei sogar schneller. Dieser letzte Punkt regt immer zu lebhaften Diskussionen an, denn aus Reitersicht ist das völlig unverständlich. Warum sollte das Pferd schneller werden, je stärker ich an den Zügeln ziehe?

Wussten Sie?

Pferde sind soziale Lebewesen und wollen immer das tun, was von ihnen erwartet wird. Deshalb finden sie trotz widersprüchlicher Hilfen heraus, was der Mensch von ihnen möchte. Aber gleichzeitig begreifen sie, dass er die Welt nicht mit Pferdeaugen sieht.

VERWIRRUNG

Menschen sind handfixiert, Zügel werden häufig zum Lenken eingesetzt. Das verhindert nicht nur eine feine Hilfengebung über Sitz und Schenkel, es desensibilisiert auch das Maul.

Nehmen wir an, der Reiter nutzt den inneren, linken Zügel, um nach links zu reiten. Dann deutet das Pferd den Druck auf die linke Seite des Gebisses so: Ich muss mich nach links bewegen. Umgekehrt ist es auf der rechten Seite.

Sobald also Druck auf die Zügel kommt, bedeutet das eine Vorwärtsbewegung zur entsprechenden Seite. Nimmt der Reiter beide Zügel an, kann das Pferd nur zu einem Schluss kommen: Der Druck kommt sowohl rechts als auch links an, also muss ich mich vorwärtsbewegen, und zwar auf gerader Linie.

SCHENKELHILFEN

Ein unruhiger oder stetig drückender Schenkel bedarf der Korrektur, denn er vermittelt dem Pferd womöglich unbeabsichtigt falsche Signale.

Der Schenkel ist für das Pferd zunächst einmal ein Reiz, den es an seiner Seite fühlt, vergleichbar etwa mit einer Fliege, die auf seinem Fell landet. Der berühmte Horseman Tom Dorrance sagte sinngemäß, man müsse nur die Fliegen trainieren können, dann wäre die ganze Reiterei leicht. Vorausgesetzt, der Reiter setze den Schenkel nicht so ein, dass das Pferd ihn falsch interpretiere.

Wenn Pferde rennen wollen

Ob am Boden oder unter dem Sattel: Manchmal wollen und müssen Pferde einfach losgaloppieren. Die Gründe dafür sind unterschiedlich: Viele rennen aus Freude oder Übermut, manche aber auch aus Angst oder Unsicherheit. Hier ist es wichtig, dass der Mensch den Grund erkennt und sein Pferd sinnvoll unterstützt.

▲

ÜBERMUT ODER ANGST?

Es gibt Momente, in denen ein Pferd einfach mal Vollgas geben muss. Dazu gehört natürlich der flotte Galopp an einem klaren, kalten Tag. Aber es gibt auch einen tiefer liegenden Grund: Stress. Der kann alle möglichen Ursachen haben, zum Beispiel eine Situation, in der das Pferd nicht verstanden hat, was der Mensch von ihm möchte oder das Geforderte körperlich nicht umsetzen kann. Oder es hat verstanden, ist aber nicht überzeugt davon, und der Mensch setzt sich einfach durch. Er entscheidet also über den Kopf des Pferdes hinweg.

Manchmal übersieht der Reiter auch eine leichte Unsicherheit des Pferdes, die sich dann in Vorwärtsdrang und Geschwindigkeit umwandelt.

BEWEGUNGSDRANG

Fehlt die Zeit zum Reiten, versuchen wir, unser Pferd anders zu bewegen. Wir nehmen zum Beispiel die Longierpeitsche und animieren es zu traben oder zu galoppieren.

Die Absicht des Menschen ist klar und gut, denn das Pferd muss sich bewegen. Nur versteht das Pferd diese Absicht leider nicht. Pferde bewegen sich überwiegend im Schritt. Eine schnellere Gangart legen sie nur bei der Flucht, beim Spiel oder im Kampf (hier vor allem Kämpfe zwischen Hengsten) ein. Alles dient aber dem Überleben – ein Pferd würde ohne Grund niemals so über den Platz rennen.

Auch der sogenannte „Stallübermut" – was für ein furchtbares Wort – hat ja einen reellen Grund: einen angestauten Bewegungsdrang aufgrund falscher Haltung oder Krankheit.

▲

VERTRAUENSVERLUST

Ein so gutes Vertrauensverhältnis wie hier zwischen Lea und ihrem Pferd kann nur entstehen, wenn Sie Ihr Pferd seiner Art gemäß behandeln. Wer sein Pferd über den Platz treibt oder im Roundpen scheucht, bewirkt das genaue Gegenteil dessen, was vielleicht beabsichtigt war: Aus Sicht des Pferdes wird es vom Menschen gejagt. Es schließt sich uns dann keineswegs freiwillig an, sondern ergibt sich, weil es keinen anderen Ausweg sieht.

Wussten Sie?

Ein Pferd über den Platz zu scheuchen, bringt keinen Vorteil. Aus biomechanischer Sicht schadet es der Gesundheit Ihres Pferdes. Noch schlimmer: Pferde verstehen nicht, was der Mensch damit bezweckt. Sie sehen in ihm dadurch im schlimmsten Fall eine Bedrohung, im besten Fall jemanden, der keine Ahnung von Pferden hat.

Warum buckeln Pferde?

Buckeln kann eine sehr schlimme Erfahrung sein – für den Reiter und das Pferd. Leider wird die Ursache dafür immer in einer Widersetzlichkeit des Pferdes gesucht. Ich mag das Wort schon nicht, denn wenn ein Pferd etwas verstanden hat und dazu körperlich in der Lage ist, wird es das machen. Aber warum buckeln Pferde überhaupt? Dafür gibt es verschiedene Gründe.

BUCKELN AUS PFERDESICHT

Pferde buckeln, wenn Sie angestaute Energie im Körper haben. Diese Energie kann aus einer als gefährlich eingestuften Situation herrühren oder das Pferd musste Frustrationen aushalten oder es konnte sich längere Zeit nicht so frei bewegen, wie es seiner Natur entspricht.

Hier lässt Nantos „die Sau raus": Nach zwei Bucklern geht er normal weiter im – zugegeben – schnellen Galopp. Lässt der Reiter diese Buckler unkommentiert geschehen, ist die Sache schnell durch. Nimmt er dagegen die Zügel an, bringt er das Pferd damit aus der Balance.

BALANCEVERLUST

Oft verliert ein Pferd auf dem Platz oder in der Halle auf der Kreisbahn das Gleichgewicht. Das Pferd ist von Natur aus einfach nicht für dauerhaftes Kreiseln geschaffen.

Je höher die Gangart, desto schlechter ist das Gleichgewicht. Galoppiert ein nicht ausbalanciertes Pferd an, springt es häufig in den Kreuzgalopp: Vorne springt es beispielsweise im Rechts-, hinten im Linksgalopp an. Das bedeutet, es verliert die so wichtige Diagonale und versucht, hinten umzuspringen: Es buckelt. Auch hier gilt: Greift der Reiter dabei nicht ein, ist dies schnell erledigt.

PROBLEM ZÜGELHILFE

Ein dauerhaft rückwärtsweisender Zügel bringt das Pferd auf die Vorhand. Es kann seinen Kopf und Hals nicht frei einsetzen, um das Gleichgewicht wiederzufinden. Eine immer wieder ausgeführte Bewegung, egal ob richtig oder falsch, wird als richtig gelernt. Das bedeutet in diesem Fall: Je häufiger das Pferd durch den Menschen auf die Vorhand gebracht wird, desto wichtiger wird die Bewegung auf der Vorhand abgespeichert. Sowohl durch eine Vorhandwendung, bei der nicht gleichzeitig eine Vorwärtsbewegung verlangt wird, als auch durch die rückwärtsziehenden Zügel erfährt das Pferd, dass es mit beiden Vorderhufen gleichzeitig den Boden berühren soll. Die Diagonale, die in jeder Gangart vorhanden ist, verschwindet. An ihre Stelle tritt das abwechselnde Auffußen mit beiden Vorder- und Hinterbeinen – das Pferd buckelt.

▼

▲

PROBLEM REITER

Während die schon genannten Gründe für das Buckeln relativ häufig vorkommen, ist der letzte Grund zum Glück sehr selten: Das Pferd möchte den Reiter loswerden und versucht es auf diese Art.

Vorausgesetzt, es liegen keine gesundheitlichen Gründe vor, ist das die Bankrotterklärung in der Beziehung zwischen Mensch und Pferd. Dann buckelt das Pferd aber auch nicht ein oder zwei Mal, sondern immer wieder.

Dauerhaftes Buckeln ist für ein Pferd ein äußerst riskantes Unterfangen. Weil es abwechselnd mit beiden Vorder- und Hinterbeinen gleichzeitig auffußt, könnte es im Fall einer Gefahr nicht schnell genug fliehen, würde unter Umständen sogar stolpern und fallen. Das heißt, es schätzt die Gefahr durch den Reiter in diesem Fall höher als jede andere Gefahr ein.

Bleiben Sie gelassen, wenn Ihr Pferd buckelt, auch wenn es schwerfällt. Bestrafen Sie es nicht und lassen Sie die Zügel lang.

Die Energie finden

In einem geschlossenen System kann Energie weder vermehrt noch vermindert, sondern lediglich umgewandelt werden – so der Energieerhaltungssatz der Physik. Pferde haben zwar nicht Naturwissenschaften studiert, aber sie wissen, dass sie mit ihrer Energie sehr bewusst umgehen müssen. Denn im Fall einer Gefahr entscheidet die perfekte Umwandlung der mit der Nahrung aufgenommenen Energie in Bewegungsenergie – das bedeutet Flucht – über Leben und Tod. Deswegen reagieren Pferde positiv auf Menschen, die sich ihrer eigenen Energie und der der Pferde bewusst sind und beide in Einklang bringen möchten.

◄ GIBT ES FAULE PFERDE?

Kein Pferd, und wohl auch kein anderes Tier, würde so verschwenderisch mit Energie umgehen wie der Mensch. Damit meine ich nicht nur unseren gedankenlosen Strom- und Benzinverbrauch, sondern auch, wie wir auf der Arbeit und in unserer Freizeit mehr persönliche Energie verbrauchen als gut für uns ist. Abends sinken wir dann völlig erschöpft ins Bett.

Der Gedanke „schneller, höher, weiter" ist Pferden fremd. Alles, was ein Pferd tut, dient der Vorbereitung auf das wirkliche Leben. Ein Pferd weiß genau, dass ihm die Energie zur Flucht fehlt, wenn es grundlos wie entfesselt galoppiert.

Unter diesem Aspekt ist ein Pferd, das als „faul" oder „triebig" bezeichnet wird, ein sehr kluges Tier, das perfekt mit seiner Energie haushaltet. Denn aus seiner Sicht hat ihm der Mensch einfach keinen Grund gegeben, mehr Energie zu verbrauchen als unbedingt nötig.

ENERGIE ERZEUGEN

Viele Reiter erzeugen Energie durch einen klopfenden Schenkel oder eine Gerte. Statt auf äußere Techniken zu setzen (die durchaus ihre Berechtigung haben), versuchen Sie einmal ein inneres Bild zu finden, das in Ihnen Energie erzeugt. Pferde sind sehr sensibel und spüren sofort, ob Sie es ernst meinen oder nur so tun als ob. Stellen Sie sich vor, Sie spannen einen Bogen und richten ihn auf ein imaginäres Ziel. Mit dem Pfeil müssen Sie dieses Ziel treffen. Fühlen Sie die Energie, die Sie dabei freisetzen.

AUTHENTISCH SEIN

Sie sind müde, wollen aber unbedingt einen raumgreifenden Schritt oder einen flotten Trab? Ihr Pferd spürt, dass Sie wenig Energie haben. Sie werden deshalb mehr auf äußere Aktionen, zum Beispiel den Schenkel, setzen müssen und feststellen, dass an diesem Tag alles zäher läuft. Bleiben Sie lieber authentisch und machen an diesem Tag etwas, das Ihrer reduzierten Energie entspricht.

Wussten Sie?

Auch Pferde haben an dem einen Tag mehr Energie als an einem anderen. Versuchen Sie, Ihre Übungen im Sattel und am Boden darauf abzustimmen. Ist Ihr Pferd zum Beispiel müde, können Sie gut am Stillstehen arbeiten, hat es mehr Energie, eignen sich anstrengendere Übungen wie Cavaletti-Training oder Übergänge.

Erhalten Sie die Leichtigkeit

Jeder Reiter wünscht sich ein Pferd, das er mit minimalen Hilfen reiten kann. Ein motiviertes Pferd, das gerne vorwärtsgeht, das einen schwungvollen Trab und einen munteren, raumgreifenden Galopp hat. Gleichzeitig soll es sich jederzeit und leicht kontrollieren lassen, nicht zu schnell werden, nicht buckeln, sich vor nichts erschrecken.

BEWEGUNGSFREUDIG

Schon kurz nach der Geburt zeigt ein Fohlen den Spaß an der Bewegung. Es trabt, galoppiert, wechselt fliegend, macht Bocksprünge oder keilt nach hinten aus. Die Leichtigkeit ist ihm angeboren. Es ist also nichts, was ein Mensch ihm beibringen müsste.

Leider passiert oft das Gegenteil: Der Pferdebesitzer nimmt seinem Pferd jede Leichtigkeit. Viele Reiter haben Angst vor zu viel Energie, vor zu viel Geschwindigkeit. Sobald Pferde das spüren, schrauben sie sich selbst runter und werden zäh und träge. Warum? Weil sie sehr soziale Lebewesen sind, denen Harmonie über alles geht.

LOSLASSEN

Woran merken Pferde, wenn ihr Besitzer mit zu viel Energie überfordert ist? Er signalisiert es ihnen täglich: Das Pferd erschreckt sich und wird sofort in seinen Bewegungen gestoppt. Es möchte schnell galoppieren, der Reiter, aus Angst vor Kontrollverlust, verlangt aber einen langsamen Galopp. Das Pferd rennt an der Longe los, der Longenführer gibt starke Paraden, um es zu verlangsamen.

Doch wenn Sie Leichtigkeit möchten, müssen Sie selbst leicht sein. Haben Sie keine Angst vor Geschwindigkeit, vermeiden Sie Dauerdruck und bringen Sie Ihr Pferd auf die Hinterhand. Denn nur mit aktiver Hinterhand und freier Schulter kann ein Pferd leicht sein.

▼

Richtig Loben

Lob motiviert – Menschen wie Pferde gleichermaßen. Nur scheint in unserer heutigen Zeit das Gespür dafür abhandengekommen zu sein, wie man richtig lobt, welches Gefühl dem anderen angenehm ist und welches nicht. Machen Sie sich auf den Weg herauszufinden, welche Art von Lob Ihr Pferd genießt und motiviert.

KLOPFEN UND STREICHELN

Manchmal habe ich den Eindruck, die Reiter loben ihre Pferde, als würden sie ihr Auto auf Hochglanz putzen. Vom Gefühl für ein Lebewesen fehlt da jede Spur. Noch schlimmer ist das kräftige Klopfen des Halses. Pferde verstehen zwar irgendwann, dass dieser rhythmische Schlag als Lob gemeint ist, angenehm ist ihnen das aber sicher nicht. Streicheln Sie Ihr Pferd mit Gefühl. Reden Sie mit ihm, es erkennt am Tonfall Ihrer Stimme, ob Sie mit ihm zufrieden sind oder nicht. Wichtiger als die eigentliche Geste ist Ihre innere Einstellung. Diese nimmt das Pferd durch alle körperlichen Handlungen hindurch wahr.

...hema kommt es erfahrungs-
gemäß zu den größten Protesten. Warum?
Weil das Futterlob nicht in erster Linie
dem Pferd dient, sondern dem Menschen.
Wäre es wirklich für das Pferd, könnte
man die Möhre oder das Leckerli auch auf
den Boden oder in den Trog legen. Aber
das Pferd soll das Futterlob direkt mit dem
Menschen verbinden – der Mensch versucht, sich die Freundschaft des Pferdes
zu erkaufen.

RESPEKTLOS

Aus Sicht des Pferdes bedeutet das Füttern
aus der Hand vielleicht etwas völlig anderes. Es kann das so interpretieren, dass
dem Menschen sein Individualbereich, seine
Intimsphäre, völlig egal ist. Das Pferd denkt,
es wird sogar noch dafür belohnt, dass
es so nahe rankommen darf, denn oft bekommt es sein Leckerli, egal wie aufdringlich es ist.

Meiner Erfahrung nach sind Pferde, die
aus der Hand gefüttert werden, aus diesem
Grund in der Regel sehr respektlos und
abgestumpft auf die Signale des Menschen.
Viele Pferde entwickeln sich zu regelrechten
„Taschenkriechern". Zudem sind sie beim
Reiten stärker vorhandlastig als Pferde, die
nicht aus der Hand gefüttert werden. Das
liegt daran, dass permanent ihre Vorhand
„aufgeladen" wird, denn das Leckerli wird
ja meist auf einer Höhe gegeben, die das
Pferd (je nach Größe) dazu veranlasst, Kopf
und Hals zu senken.

Wussten Sie?

Setzen Sie auch beim Loben nicht auf
Technik, sondern auf Ihr Gefühl. Nur wenn
Sie authentisch sind, wird Ihr Pferd ein
Lob von Ihnen auch wirklich als solches
verstehen.

Service

ʜᴇ ADRESSEN

Vereinigung der Freizeitreiter und -fahrer in Deutschland (VFD)
Christiane Ferderer
Zur Poggenmühle 22
D-27239 Twistringen
Tel. +49-(0)4243-942404
www.vfdnet.de

Deutsche Reiterliche Vereinigung (FN)
Freiherr-von-Langen-Straße 13
D-48231 Warendorf
Tel. +49-(0)2581-6362-0
www.pferd-aktuell.de

Österreichischer Pferdesportverband (OEPS)
Am Wassersprung 2
A-2361 Laxenburg
Tel. +43-(0)2236-710600
www.oeps.at

Schweizerischer Verband für Pferdesport (SVPS)
Papiermühlestraße 40 H
CH-3000 Bern 22
Tel. +41 (0)31 335 43 43
www.fnch.ch

Erste Westernreiter Union Deutschland e. V. (EWU)
EWU-Bundesgeschäftsstelle
Freiherr-von-Langen Str. 8a
D-48231 Warendorf
Tel. +49-(0)2581-928460
www.westernreiter.com

FS Reit-Zentrum Reken
Frankenstr. 37
D-48734 Reken
Tel. +49-(0)2864-2434
www.fs-reitzentrum.de

Ilja van de Kasteele
Unterricht und Seminare
www.pferde-ausbildung.com

Pferde-News von KOSMOS gibt es auch auf Facebook
facebook.com/kosmos.pferde

ZUM WEITERLESEN

Amler, Ulrike: **Alles übers Reiten**; KOSMOS 2016

Dieses Buch beantwortet alle Fragen, die Reiteinsteiger interessieren. Leicht verständlich geschrieben, mit vielen praktischen Tipps und zahlreichen Fotos begleitet es den Pferdefreund von der Suche nach dem passenden Reitstall bis zu den ersten Reitabzeichen.

Behling, Silke/ Binder, Sibylle L./ Schriever, Anja: **Pferde verstehen, erziehen und reiten**; KOSMOS 2015

Dieser Fotoratgeber zeigt Schritt für Schritt, was Pferdefreunde wissen wollen. Wie erkenne ich, ob es meinem Pferd gut geht? Wie erziehe ich das Pferd zu einem zuverlässigen Partner? Und wie werde ich selbst zum guten Reiter? Über 400 Fotos und kurze Texte machen es leicht, zu einer guten Partnerschaft mit dem Pferd zu finden.

Danksagung

Auf meinem Weg haben mich bemerkenswerte Menschen und Tiere begleitet und einige begleiten mich noch. Stellvertretend für alle möchte ich hier danken: meinem leider verstorbenen Hund Capa, meinen Arabern Roma und Ravel, meiner jetzigen Frau Anna, meiner früheren Frau Alexandra, Leslie Desmond, Peter Kreinberg, Herbert Fischer und Jochen Schumacher. Sie alle haben mir geholfen, das Leben mit Pferden und im Allgemeinen begreifen zu können.

Bührer-Lucke, Gisa: **Expedition Pferdesprache**, Eine Reise in die Welt des Pferdeverhaltens; KOSMOS 2014

Pferde stellen mit ihrem Verhalten auch erfahrene Reiter vor manches Rätsel. In welcher Stimmung ist das Pferd? Wie ist seine Position in der Pferdeherde? Woran erkenne ich, ob es sich wohlfühlt? Gisa Bührer-Lucke gibt die Antworten und nimmt den Leser mit auf eine spannende Reise in die Welt der Pferdesprache.

Eschbach, Andrea und Markus: **Freie Bodenarbeit mit dem Pferd**, Kommunikation und Körpersprache; KOSMOS 2016

Die Pferdeexperten Andrea und Markus Eschbach erklären, wie Pferdesprache und Kommunikation funktionieren. Bei der Bodenarbeit finden Mensch und Pferd am besten zueinander. Gut verständlich und mit vielen Fotos erläutern sie das Training im Round-Pen. Auch als E-Book erhältlich.

Künzel, Nicole: **Jeder Gedanke ist eine Kraft**, Durch positive innere Bilder im Einklang mit dem Pferd; KOSMOS 2015

Kommen Sie mit auf eine Reise in die Welt der inneren Bilder. Warum reite ich besser, wenn ich ein positiv eingestellter Mensch bin? Wie entsteht ein inneres Bild? Wunderschöne Abbildungen, viele Beispiele und Übungen verdeutlichen die Zusammenhänge und helfen dabei, sich im besten Sinne auf das Pferd und das Reiten einzustimmen.

Marlie, Wolfgang: **Pferde – wie von Zauberhand bewegt**; Edition WuWei bei KOSMOS 2016
Es muss kein Traum bleiben, Pferde wie von Zauberhand bewegen und reiten zu können. Wolfgang Marlie widmet sich seit Jahrzehnten der Frage, wie sich Mensch und Pferd näherkommen und eine gute Basis der Verständigung finden können, damit sich beide wohlfühlen. Denn wenn Pferd und Reiter Freude empfinden, dann sind sie wie von Zauberhand bewegt. Auch als E-Book erhältlich.

Müller, Karin: **HippoSophia,** Warum Pferd und Mensch sich gut tun; KOSMOS 2016
Wer schon einmal in einem Pferdestall war und die friedliche Atmosphäre spüren konnte, weiß: Pferde und ihr Umfeld tun uns gut. Wir stärken und entwickeln uns durch die Pferde, doch wir können ihnen auch viel geben, sodass ein gegenseitiges Fördern und Wachsen entsteht. Wie der Stall ein Ort der Heilung werden kann und welche Rolle Mensch und Pferd dabei spielen, wird in diesem Buch erstmals tiefgehend beschrieben und wissenschaftlich belegt.

Schöpe, Sigrid: **Bodenarbeit mit Pferden**, Abwechslungsreiche Übungen, die Spaß machen; KOSMOS 2017
Hier lernen Einsteiger Schritt für Schritt, wie Bodenarbeit funktioniert. Die Basis-Übungen, aber auch einfallsreiche Variationen bis hin zu Zirkustricks trainieren das Pferd wirkungsvoll und bringen Abwechslung in den Alltag.
Auch als E-Book erhältlich.

Schöpe, Sigrid: **Bodenarbeit mit Stangen und Pylonen**, Mit den Übungen für die Abzeichenprüfungen; KOSMOS 2016
Bodenarbeit ist ein wichtiger Teil der Prüfungen zu den Reitabzeichen der FN. Dieser kompakte Foto-Ratgeber zeigt, wie gute Bodenarbeit gelingt: Vom korrekten Führtraining bis hin zum Geschicklichkeitstraining mit Stangen und Pylonen werden alle Aufgaben Schritt für Schritt erklärt. Bodenarbeit ist Basistraining für Reiter und Pferd!

REGISTER

BILDNACHWEIS

129 Farbfotos wurden von Ilja van de Kasteele für dieses Buch aufgenommen.

IMPRESSUM

Umschlaggestaltung von GRAMISCI Editorial Design, Cornelia Sekulin, München, unter Verwendung eines Farbfotos von Christiane Slawik (Umschlagvorderseite) und eines Farbfotos von Ilja van de Kasteele (Umschlagrückseite).

Mit 130 Farbfotos.

Unser gesamtes Programm finden Sie unter **kosmos.de.**
Über Neuigkeiten informieren Sie regelmäßig unsere Newsletter, einfach anmelden unter **kosmos.de/newsletter**

Gedruckt auf chlorfrei gebleichtem Papier

© 2017, Franckh-Kosmos Verlags-GmbH & Co. KG, Stuttgart.
Alle Rechte vorbehalten
ISBN 978-3-440-14385-8
Redaktion: Birgit Bohnet
Gestaltungskonzept: GRAMISCI Editorialdesign,
Cornelia Sekulin, München
Gestaltung und Satz: Atelier Krohmer, Dettingen/Erms
Produktion: Claudia Frank
Druck und Bindung:
Westermann Druck Zwickau GmbH, Zwickau
Printed in Germany / Imprimé en Allemagne

FSC
www.fsc.org
MIX
Papier aus verantwortungsvollen Quellen
FSC® C110508